建筑材料与检测技术综合实训与试验指导

（第3版）

主　编　苑芳友
副主编　门泉洁　于庆华　滕永彪　吴卫华
主　审　牟培超

北京理工大学出版社
BEIJING INSTITUTE OF TECHNOLOGY PRESS

内 容 提 要

本书根据最新应用型、技能型人才培养要求及建筑材料与检测标准规范编写。全书共分为四个部分，主要内容包括综合训练、复习测试、试验实训与试验报告以及参考答案。本书以适应土建类各专业学生学习和各岗位证书培训考试等不同需要，与《建筑材料与检测技术》一书配套使用，可达到学习知识、培养能力的目的。

本书可作为高职高专院校建筑工程技术等专业的教材，也可供建筑工程技术及管理人员工作时参考使用。

版权专有　侵权必究

图书在版编目（CIP）数据

建筑材料与检测技术综合实训与试验指导 / 苑芳友主编.—3版.—北京：北京理工大学出版社，2020.6
ISBN 978-7-5682-8620-6

Ⅰ.①建… Ⅱ.①苑… Ⅲ.①建筑材料－检测－高等学校－教学参考资料　Ⅳ.①TU502

中国版本图书馆CIP数据核字（2020）第112457号

出版发行 / 北京理工大学出版社有限责任公司
社　　址 / 北京市海淀区中关村南大街5号
邮　　编 / 100081
电　　话 /（010）68914775 (总编室)
　　　　　（010）82562903 (教材售后服务热线)
　　　　　（010）68948351 (其他图书服务热线)
网　　址 / http://www.bitpress.com.cn
经　　销 / 全国各地新华书店
印　　刷 / 河北鑫彩博图印刷有限公司
开　　本 / 787毫米×1092毫米　1/16
印　　张 / 10　　　　　　　　　　　　　　　责任编辑 / 游　浩　钟　博
字　　数 / 242千字　　　　　　　　　　　　 文案编辑 / 钟　博
版　　次 / 2020年6月第3版　2020年6月第1次印刷　责任校对 / 周瑞红
定　　价 / 32.00元　　　　　　　　　　　　 责任印制 / 边心超

图书出现印装质量问题，请拨打售后服务热线，本社负责调换

第3版前言

《建筑材料与检测技术综合实训与试验指导》于2014年1月出版了第2版。近年来，建筑材料与检测技术领域又取得了一些新的成果，修订了多项标准和规范，因此，《建筑材料与检测技术综合实训与试验指导（第3版）》对原有内容进行了补充与修订。

本书仍由山东城市建设职业学院苑芳友担任主编，由门泉洁、于庆华、滕永彪、吴卫华担任副主编。全书由牟培超主审。

本书在编写过程中得到了山东城市建设职业学院和北京理工大学出版社的大力支持，在此一并致以衷心的感谢。本书在编写过程中参阅了较多的文献资料，谨向这些文献的作者致以诚挚的谢意。

尽管我们在教材特色建设方面做了很多努力，但书中仍可能出现不足之处，希望使用本书的师生提出宝贵意见，以便修订时完善。

编　者

第2版前言 FOREWORD

《建筑材料与检测技术综合实训与试验指导》于2010年7月出版了第1版。近三年来，建筑材料与检测技术领域又取得了一些新的成果，修订了多项标准和规范，因此，第2版对原有内容进行了补充与修订，主要改动部分如下：

（1）在第一部分内容中，将知识概要内容删除。

（2）在第二部分内容中，将试题库内容删除，只保留复习测试部分。

（3）将"建筑装饰材料""绝热吸声材料""高分子材料"整合成"建筑功能材料"。

（4）删除了"新型建筑材料""木材""石材"部分。

本书仍由山东城市建设职业学院苑芳友担任主编，由门泉洁、于庆华、滕永彪、吴卫华担任副主编，由牟培超担任主审。

本书在编写过程中得到了山东城市建设职业学院的大力支持，在此致以衷心的感谢。编写过程中，本书参阅了较多的文献资料，谨向这些文献的作者致以诚挚的谢意。

尽管我们在教材特色建设方面做了很多努力，但书中仍可能存在不足之处，希望使用本书的师生提出宝贵意见，以便修订时完善。

编　者

FOREWORD 第1版前言

建筑材料是一切土木工程建设的物质基础，"建筑材料与检测技术"方面的知识是建筑行业各岗位技术人员必备的知识之一，同时，它是一门实用技术。编者执教多年，接触过众多的土建类各专业学生及各种自学培训人员，他们普遍感到学习中常不得要领，缺少训练，学习程度无从检验，所学知识难以掌握和熟练运用。由于建筑材料具有材料品种繁多、内容庞杂、多学科知识渗透、实践性强等特点，因此，编写一本以"内容概要、综合实训、试验指导"为主题的《建筑材料与检测技术综合实训与试验指导》来解决上述问题，是我们的初衷。

本书的宗旨是根据新的应用型、技能型人才培养要求，以适应土建类各专业学生学习和各岗位证书培训考试等不同需要，与《建筑材料与检测技术》配套使用，以期达到传授知识、培养能力的目的。

本书的"概要"部分，以材料性质为中心，以材料组成、结构、构造决定材料性质，以及使用环境条件变化影响材料性质为线索，帮助学生认识材料固有的宏观性能是由其组成与结构决定的。而外界条件变化，又与材料性能改变之间有着内在规律和因果关系，并以这种科学的思维方法代替死记硬背、孤立学习的方法。由于作为主要建筑材料的无机非金属材料大多是含有孔隙的材料，其孔隙率和孔隙结构既是决定材料性质的主要原因之一，又是容易受到外界条件作用而改变材料性质的主渠道，因此，本书在分析材料的性能时，反复强调这一因素的作用，并力图通过综合训练使学生掌握相关知识。

"概要"部分着重于重点和难点，其内容虽不详尽，但仍有系统性。"概要"内容采用综合归纳方法，这与采取展开分析的教材写法相辅相成。

"综合训练""试题库"部分有各种题型，以检验知识的掌握程度并训练答题技巧，有助于顺利通过各种考试。

"试验实训与试验指导"部分详细介绍了检验实施细则，并附有检测报告，使本书更具实用性。本书采用最新标准，使用规范化语言和国际单位制。

为使用方便，本书各部分章节的划分与配套教材《建筑材料与检测技术》一致。本书绪论，第1、12章，试题库由山东城市建设职业学院苑芳友编写，第3、4、5章由山东城市建设职业学院门泉洁编写，第7、8、9章由山东城市建设职业学院吴卫华编写，第11、

13、14章由山东城市建设职业学院滕永彪编写，第2、6章，材料检测部分由山东城市建设职业学院于庆华编写，第10章由山东省建设工程招标中心有限公司段红卫编写。

全书由苑芳友担任主编，由于庆华、门泉洁、滕永彪、吴卫华、段红卫担任副主编，由山东城市建设职业学院建工系主任牟培超教授主审。

本书在编写过程中得到了山东城市建设职业学院和北京理工大学出版社的大力支持，在此一并致以衷心的感谢。本书在编写过程中参阅了较多的文献资料，谨向这些文献的作者致以诚挚的谢意。

由于编者水平有限，时间仓促，谨请使用此书的师生和读者提出宝贵意见，以便再版时修正。

编　者

目录 CONTENTS

第一部分　综合训练 ... 1
- 第1章　建筑材料的基本性质 ... 2
- 第2章　气硬性胶凝材料 ... 8
- 第3章　水泥 ... 14
- 第4章　混凝土 ... 24
- 第5章　砂浆 ... 44
- 第6章　墙体材料 ... 48
- 第7章　建筑钢材 ... 50
- 第8章　防水材料 ... 52
- 第9章　建筑功能材料 ... 55

第二部分　复习测试 ... 60
- 复习测试题一 ... 61
- 复习测试题二 ... 62
- 复习测试题三 ... 62
- 复习测试题四 ... 63
- 复习测试题五 ... 65
- 复习测试题六 ... 66
- 复习测试题七 ... 67
- 复习测试题八 ... 69
- 复习测试题九 ... 70
- 复习测试题十 ... 70
- 复习测试题十一 ... 71
- 复习测试题十二 ... 71

第三部分　试验实训与试验报告 ... 74
- 实训一　水泥性能检测试验实训 ... 75
- 实训二　混凝土集料性能检测试验实训 ... 83
- 实训三　混凝土性能检测试验实训 ... 90

CONTENTS

实训四　砂浆性能检测试验实训 …………………… 96
实训五　砌墙砖性能检测试验实训 ………………… 101
实训六　钢筋性能检测试验实训 …………………… 108
实训七　沥青性能检测试验实训 …………………… 112
实训八　混凝土配合比设计试验实训 ……………… 116

第四部分　参考答案……………………………………………… 122
综合训练题参考答案 …………………………… 123
复习测试题参考答案 …………………………… 145

参考文献……………………………………………………………… 152

第一部分

综合训练

第 1 章　建筑材料的基本性质

一、名词解释

1. 强度
2. 密度
3. 表观密度
4. 弹性
5. 塑性
6. 韧性
7. 脆性
8. 材料的微观结构
9. 材料的宏观结构
10. 耐水性
11. 抗渗性
12. 比强度

二、填空题

1. 国家对建筑材料的强制性和推荐性标准的代号分别是_____、_____。
2. 目前，主要建筑材料标准内容大致包括_____和_____两大方面。
3. 材料的吸水性，一般材料常用_____表示，轻质材料最好用_____表示。
4. 评定建筑材料保温隔热性能的重要指标是_____和_____。
5. 建筑材料常考虑的热性质有_____、_____、_____。
6. 材料的吸水性用_____表示，吸湿性用_____表示。
7. 材料耐水性的强弱可以用_____表示。材料耐水性越好，该值越_____。
8. 同种材料孔隙率越_____，材料强度越高；当材料孔隙率一定时，_____孔隙越多，材料的绝热性越好。
9. 当材料的孔隙率增大时，则其密度_____，表观密度_____，强度_____，吸水率_____，抗渗性_____，抗冻性_____。
10. 当润湿角大于 90°时，材料称为_____；反之，称为_____。
11. 称取堆积密度为 1 400 kg/m³ 的干砂 200 g，装入广口瓶，再把瓶子注满水，这时称量为 500 g。已知空瓶加满水时的质量为 377 g，则该砂的表观密度为_____g/cm³，空隙率为_____。

三、选择题

1. 在 100 g 含水率为 3% 的湿砂中,水的质量为( )。
   A. 3.0 g   B. 2.5 g   C. 3.3 g   D. 2.9 g

2. 某材料吸水饱和后的质量为 20 kg,烘干到恒重时,质量为 16 kg,则材料的( )。
   A. 质量吸水率为 25%   B. 质量吸水率为 20%
   C. 体积吸水率为 25%   D. 体积吸水率为 20%

3. 软化系数表明材料的( )。
   A. 抗渗性   B. 抗冻性   C. 耐水性   D. 吸湿性

4. 材料的抗渗性是指材料抵抗( )渗透的性质。
   A. 水   B. 潮气   C. 压力水   D. 饱和水

5. 材料的耐水性是指材料( )而不破坏,其强度也不显著降低的性质。
   A. 在水作用下   B. 在压力水作用下
   C. 长期在饱和水作用下   D. 长期在湿气作用下

6. 颗粒材料的密度为 ρ,表观密度为 ρ_0,堆积密度为 ρ_0',则( )。
   A. $\rho > \rho_0 > \rho_0'$ B. $\rho_0 > \rho_0' > \rho$ C. $\rho_0' > \rho_0 > \rho$ D. $\rho > \rho_0' > \rho_0$

7. 材料吸水后,材料的( )将提高。
   A. 耐久性   B. 强度及导热系数
   C. 密度   D. 表观密度和导热系数

8. 材料依( ),可分为无机、有机及复合材料。
   A. 用途   B. 化学成分   C. 力学性能   D. 工艺性能

9. 材料在( )状态下单位体积的质量称为表观密度。
   A. 绝对密实   B. 自然   C. 自然堆积   D. 松散

10. 某砂子表观密度为 2.50 g/cm³,堆积密度为 1 500 kg/m³,则该砂子的空隙率为( )。
    A. 60%   B. 50%   C. 40%   D. 30%

11. 某块体质量吸水率为 18%,干表观密度为 1 200 kg/m³,则该块体的体积吸水率为( )。
    A. 15%   B. 18%   C. 21.6%   D. 24.5%

12. 当孔隙率一定时,下列构造中,( )吸水率大。
    A. 开口贯通大孔 B. 开口贯通微孔 C. 封闭大孔   D. 封闭小孔

13. 下列材料,( )通常用体积吸水率表示其吸水性。
    A. 厚重材料   B. 密实材料   C. 轻质材料   D. 高强度材料

14. 某材料的质量为 1 000 g,含水率为 8%,则该材料的干燥质量为( )g。
    A. 926   B. 1 080   C. 992   D. 1 032

15. 工程上认为,软化系数大于( )的材料称为耐水材料。
    A. 0.85   B. 0.80   C. 0.70   D. 0.90

16. 渗透系数越大，材料的抗渗性（　　）。
    A. 越大　　　　　　　　　　　　B. 越小
    C. 与其无关　　　　　　　　　　D. 视具体情况而定
17. （　　）是衡量材料轻质、高强的一个主要指标。
    A. 抗压强度　　B. 抗拉强度　　C. 比强度　　D. 抗剪强度
18. 含水率为7％的砂600 kg，其含水量为（　　）kg。
    A. 42　　　　　B. 39　　　　　C. 40　　　　　D. 65
19. 某钢材、木材、混凝土抗压强度分别为400 MPa、35 MPa、30 MPa，表观密度分别为7 860 kg/m³、500 kg/m³、2 400 kg/m³，它们的比强度之间的关系为（　　）。
    A. 钢材＞木材＞混凝土　　　　　B. 钢材＞混凝土＞木材
    C. 木材＞钢材＞混凝土　　　　　D. 混凝土＞钢材＞木材
20. （　　）是衡量材料抵抗变形能力的一个指标。
    A. 弹性　　　　B. 塑性　　　　C. 强度　　　　D. 弹性模量
21. 衡量材料保温性好坏的主要参数是（　　）
    A. 比热　　　　B. 含水率　　　C. 导热系数　　D. 热容量
22. 承受动荷载的结构，要选择（　　）好的材料。
    A. 韧性　　　　B. 脆性　　　　C. 塑性　　　　D. 弹性
23. 密度是指材料在（　　）下，单位体积的质量。
    A. 自然状态　　B. 绝对密实状态　C. 松散状态　　D. 堆积状态
24. 降低材料密实度，则抗冻性（　　）。
    A. 提高　　　　B. 降低　　　　C. 不变　　　　D. 提高或降低
25. 含水率为6％的湿砂100 g，其中（　　）。
    A. 水质量＝100×6％＝6(g)　　　　　B. 水质量＝(100－6)×6％＝5.64(g)
    C. 水质量＝$100-\dfrac{100}{1+0.06}$＝5.66(g)　　D. 水质量＝(100＋6)×6％＝6.36(g)
26. 当材料的润湿角（　　）时，称为憎水性材料。
    A. ＞90°　　　B. ＜90°　　　C. ＝0　　　　D. ≥90°

四、判断题

1. 材料的孔隙率增大，则密度减小，吸水率增大。（　　）
2. 孔隙率和密实度反映了材料的同一种性质。（　　）
3. 材料在潮湿环境中能够不断吸湿。（　　）
4. 材料吸水后导热性增大，强度降低。（　　）
5. 含水率为4％的湿砂重100 g，其中水的质量为4 g。（　　）
6. 材料的孔隙率相同时，连通粗孔者比封闭微孔者的导热系数大。（　　）
7. 同一种材料，其表观密度越大，则其孔隙率越大。（　　）
8. 吸水率小的材料，其孔隙率小。（　　）
9. 材料的抗冻性与材料的孔隙率有关，与孔隙中的水饱和程度无关。（　　）
10. 进行材料抗压强度试验时，大试件较小试件的试验结果值偏小。（　　）

11. 材料在进行强度试验时，加荷速度快者较加荷速度慢者的试验结果值偏小。（   ）

五、简答题

1. 新建的房屋保暖性差，到冬季更甚，这是为什么？

2. 材料的密度、表观密度、堆积密度有何区别？材料含水后对三者有何影响？

3. 某石材在气干、绝干、水饱和情况下测得的抗压强度分别为 174 MPa、178 MPa、165 MPa，求该石材的软化系数，并判断该石材可否用于水下工程。

4. 生产材料时，在组成一定的情况下，可采用哪些措施来提高材料的强度和耐久性？

5. 某同种组成的甲、乙两材料，表观密度分别是 1 800 kg/m³、1 300 kg/m³。估计甲、乙两材料保温性、强度、抗冻性有何区别？

6. 建筑物屋面、外墙、基础等使用的材料各应具备哪些性质？

7. 影响材料强度测试结果的因素有哪些？

8. 材料的脆性与弹性、韧性、塑性有何不同？

9. 脆性材料、韧性材料各有何特点？适合承担哪种外力？

10. 影响材料导热系数的因素有哪些？

六、计算题

1. 破碎的岩石试件经完全干燥后，其质量为 482 g，将其放入盛有水的量筒，经一定时间石子吸水饱和后，量筒的水面由原来的 452 cm^3 上升至 630 cm^3。取出石子，擦干表面水分后称得其质量为 487 g。试求该岩石的视密度、表观密度、吸水率。

2. 烧结普通砖的尺寸为 240 mm×115 mm×240 mm，已知其孔隙率为 37%，干燥质量为 2 487 g，浸水饱和后质量为 2 984 g。试求该砖的表观密度、密度、吸水率、开口孔隙率及闭口孔隙率。

3. 某一块状材料干燥质量为 50 g，自然状态下的体积为 20 cm^3，绝对密实状态下的体积为 16.5 cm^3。试计算其密度、表观密度和孔隙率。

4. 有一个 1.5 L 的容器，平装满碎石后，碎石重 2.55 kg。为测定碎石的表观密度，将所有碎石倒入一个 7.78 L 的量器，向量器中加满水后称重为 9.36 kg，试求碎石的表观密度。若在碎石的空隙中又填以砂子，可填多少升砂子？

5. 经测定，质量为 3.4 kg、容积为 10 L 的量筒装满绝干石子后的总质量为 18.4 kg，若向量筒内注水，待石子吸水饱和后，为注满此筒共注入水 4.27 kg，将上述吸水饱和后的石子擦干表面后称得总质量为 18.6 kg（含筒质量），试求该石子的视密度、表观密度、开口孔隙率及堆积密度。

第 2 章　气硬性胶凝材料

一、填空题

1. 石灰的常见品种有_____、_____、_____、_____。生石灰的成分是_____，熟石灰的成分是_____，熟石灰主要有_____和_____两种形式。
2. 石灰熟化的特点是_____、_____、_____，工程中熟化方法有_____和_____两种。
3. 常见的两种煅烧质量差的石灰是_____和_____，熟化过程中陈伏的目的是_____，一般陈伏时间为_____。
4. 建筑消石灰按 MgO 含量，可分为_____、_____、_____。
5. 混合砂浆中掺入石灰膏，主要是利用石灰膏_____。
6. 石灰凝结硬化速度_____，硬化后强度_____，体积_____。
7. 石灰硬化时易开裂，不能单独做制品，常加入_____、_____，提高抗裂性。
8. 利用石灰膏可制成_____和_____砂浆，用于砌筑、抹面工程。
9. 常用的灰土品种有_____和_____，灰土中土种以_____、_____、_____为宜，灰土施工中必须_____，灰土抗压强度和_____、_____有关。
10. 石灰砂浆的耐水性_____，灰土的耐水性_____。
11. 建筑石膏为白色粉末，其主要成分是_____，加水形成石膏浆，经注模成型、干燥制成石膏产品，石膏产品的成分是_____。
12. 石膏的凝结时间为_____，常掺入_____和_____，以延长凝结时间。
13. 石膏硬化时体积_____，硬化速度_____，硬化后石膏的孔隙率_____，表观密度_____，保温性_____，吸声性_____，吸湿性_____，耐水性_____，抗冻性_____，防火性_____，耐火性_____。
14. 石灰、石膏在储存、运输过程中必须_____、_____，石膏储存期一般为_____个月。

二、选择题

1. 石灰粉刷的墙面出现起泡现象是由(　　)引起的。
    A. 欠火石灰　　　　B. 过火石灰　　　　C. 石膏　　　　D. 含泥量
2. 建筑石灰分为钙质石灰和镁质石灰，是根据(　　)成分含量划分的。
    A. 氧化钙　　　　B. 氧化镁　　　　C. 氢氧化钙　　　　D. 碳酸钙

3. 罩面用的石灰浆不得单独使用,应掺入砂子、麻刀和纸筋等,以(　　)。
   A. 易于施工　　　B. 增加美观　　　C. 减少收缩　　　D. 增加厚度
4. 欠火石灰会降低石灰的(　　)。
   A. 强度　　　　　B. 产浆率　　　　C. 废品率　　　　D. 硬度
5. 石灰的耐水性差,灰土、三合土(　　)用于经常与水接触的部位。
   A. 能　　　　　　　　　　　　　　　B. 不能
   C. 说不清　　　　　　　　　　　　　D. 视具体情况而定
6. 石灰淋灰时,应考虑在贮灰池保持(　　)d以上的陈伏期。
   A. 7　　　　　　B. 14　　　　　　C. 20　　　　　　D. 28
7. 石灰的存放期通常不超过(　　)个月。
   A. 1　　　　　　B. 2　　　　　　　C. 3　　　　　　D. 6
8. 石膏制品表面光滑、细腻,主要原因是(　　)。
   A. 施工工艺好　　　　　　　　　　　B. 表面修补加工
   C. 掺入纤维等材料　　　　　　　　　D. 硬化后体积略膨胀
9. 建筑石膏的存放期规定为(　　)个月。
   A. 1　　　　　　B. 2　　　　　　　C. 3　　　　　　D. 6
10. 一般用来做干燥剂的是(　　)。
    A. 生石灰　　　B. 熟石灰　　　　C. 生石膏　　　　D. 熟石膏

三、简答题

1. 欠火石灰和过火石灰有何危害?如何消除危害?

2. 石灰、石灰膏作为气硬性胶凝材料,两者的技术性质有何异同?

3. 石灰硬化后不耐水,为什么制成灰土、三合土后,可以用于路基、地基等潮湿的部位?

4. 为什么说石膏是一种较好的室内装饰材料？为什么不适用于室外？

5. 为什么石膏适合用于模型、塑像的制作？

四、案例分析题

1. 某住宅楼的内墙使用石灰砂浆抹面，交付使用后，在墙面个别部位发现了鼓包、麻点等缺陷。上述现象产生的原因是什么？如何防治？

2. 某住户喜爱石膏制品，用普通石膏浮雕板进行室内装饰，使用一段时间后，客厅、卧室效果相当好，但厨房、厕所、浴室的石膏制品出现发霉变形现象。请分析原因并提出改善措施。

3. 某工人用建筑石膏粉拌水形成一桶石膏浆，用以在光滑的吊顶上直接粘结，石膏饰条前后半小时完工。几天后，最后粘结的两条石膏饰条突然坠落。请分析原因并提出改善措施。

五、实训

1. 题目：石膏及其相关产品的应用调查。

2. 调查目的。

加深对石膏及其产品的认识了解，理论联系实际，培养学生的分析应用能力，通过市场调研过程，了解解决问题的途径；收集资料，分析资料，具备应用各种资料的能力，并对材料甄选、采购、储存各方面的知识有所了解。

3. 调查方法。

(1)查阅资料。上网搜索是最简单、便捷的方法，可以得到海量信息。主要收集有关生产厂家、市场行情、发展现状与趋势、主要品牌和品种等信息。

(2)建材市场调查。鼓励学生到建材市场调查实习，这样能直接接触到各种产品实物，对材料有直观的认识，对材料外观、质量能进行比较，可以获得材料品牌、价格、市场行情的第一手资料。

(3)问询调查。到施工现场咨询专家或访问工程技术人员，电话咨询生产单位，可掌握材料的使用过程、实际质量的优劣、应用范围等信息。

4. 调查内容。

(1)调查建材市场上有哪些与石膏相关的建材产品。

(2)查阅有关石膏砌块的资料，调查其在本地工程中的应用情况。

(3)调查建筑石膏的主要生产厂家、品牌、价格。

(4)调查建材市场常见纸面石膏板的品种、品牌、价格及在工程中的应用情况。

(5)网络查询石膏装饰板的品种、品牌、价格及在工程中的应用情况。

(6)如果工程中你负责材料采购，现工程中需要纸面石膏板，你在采购时需要考虑哪些因素？有哪些途径可以让你获得最合理的结果？

5. 调查结果。

1. 建材市场上与石膏相关的建材产品

2. 对石膏砌块的认识以及其在本地工程中的应用情况

3. 建筑石膏的主要生产厂家、品牌、价格

4. 建材市场常见纸面石膏板的品种、品牌、价格及在工程中的应用情况

5. 石膏装饰板的品种、品牌、价格及在工程中的应用情况

6.(1)采购时需要考虑的问题：

(2)采购途径：

(3)对你选定的厂家及其产品进行介绍：

第3章 水 泥

一、名词解释

1. 水泥体积安定性
2. 水硬性胶凝材料
3. 硅酸盐水泥
4. 水泥的初凝时间
5. 水泥的标准养护条件
6. 水泥的水化热
7. 水泥的终凝时间
8. 水泥石
9. 水泥石的软水侵蚀
10. 水泥的标准稠度用水量

二、判断题

1. 硅酸盐水泥中 C_2S 早期强度低，后期强度高，而 C_3S 正好相反。（　　）
2. 在生产水泥时，石膏加入量越多越好。（　　）
3. 用沸煮法可以全面检验硅酸盐水泥的体积安定性是否良好。（　　）
4. 按规范规定，硅酸盐水泥的初凝时间不迟于 45 min。（　　）
5. 水泥是水硬性胶凝材料，因而在运输和贮存中不怕受潮。（　　）
6. 用粒化高炉矿渣加入少量石膏共同磨细，即可制得矿渣硅酸盐水泥。（　　）
7. 水泥和熟石灰混合会引起体积安定性不良。（　　）
8. 测定水泥标准稠度用水量是为了确定水泥混凝土的拌合用水量。（　　）
9. 硅酸盐水泥中含有过多的游离 CaO、游离 MgO 和过多的石膏都会造成水泥的体积安定性不良。（　　）
10. 道路水泥、砌筑水泥、耐酸水泥、耐碱水泥都属于专用水泥。（　　）
11. 高速公路路面混凝土用水泥的铝酸三钙含量不宜大于 5%。（　　）
12. 活性混合材料掺入石灰和石膏即成水泥。（　　）
13. 在硅酸盐水泥熟料中含有过量游离氧化镁，它水化速度慢并产生体积膨胀，是引起水泥安定性不良的重要原因。（　　）
14. 为防止封存期内水泥样品质量的下降，可将样品用食品塑料薄膜袋装好，并扎紧袋口放入镀锌薄钢板样品桶内密封。（　　）
15. 存放时间超过 6 个月的水泥，应重新取样检验，并按复验结果使用。（　　）

16. 铝酸三钙为硅酸盐水泥最主要的矿物组成。（　　）
17. 水泥和石灰都属于水硬性胶凝材料。（　　）
18. 水泥的细度与强度的发展有密切关系，因此细度越小越好。（　　）
19. 水泥强度越高，则抗蚀性越强。（　　）
20. 安定性不良的水泥可用于拌制砂浆。（　　）
21. 水硬性胶凝材料是只能在水中硬化并保持强度的一类胶凝材料。（　　）
22. 硅酸盐水泥是指由硅酸盐水泥熟料加适量石膏制成，不掺加混合材料。（　　）
23. 硅酸盐水泥的早期强度高是因为熟料中硅酸二钙含量较多。（　　）
24. 硅酸盐水泥的比表面积应小于 $300 \text{ m}^2/\text{kg}$。（　　）
25. 普通硅酸盐水泥的初凝时间应不早于 45 min，终凝时间不迟于 10 h。（　　）
26. 火山灰质水泥的抗硫酸盐腐蚀性很差。（　　）
27. 在水位升降范围内的混凝土工程，宜选用矿渣水泥，因其抗硫酸盐腐蚀性较强。（　　）
28. 按现行标准，硅酸盐水泥的初凝时间不得早于 45 min。（　　）
29. 我国现行规范规定，水泥安定性试验以雷氏法为准。（　　）
30. 在硅酸盐水泥熟料矿物成分中，水化速度最快的是 C_3A。（　　）

三、填空题

1. 硅酸盐水泥熟料的生产原料主要有_____和_____。
2. 石灰石质原料主要提供_____，黏土质原料主要提供_____、_____和_____。
3. 为调节水泥的凝结速度，在磨制水泥过程中需要加入适量的_____。
4. 硅酸盐水泥熟料的主要矿物组成有_____、_____、_____和_____。
5. 硅酸盐水泥熟料矿物组成中，释热量最大的是_____，释热量最小的是_____。
6. 水泥的凝结时间可分为_____和_____。
7. 由游离氧化钙引起的水泥安定性不良，可用_____检验；而由游离氧化镁引起的安定性不良，可用_____检验。
8. 水泥的物理力学性质主要有_____、_____、_____和_____。
9. 专供道路路面和机场路面用的道路水泥，在强度方面的显著特点是_____，该水泥干缩较_____。
10. 硅酸盐水泥的初凝时间不得早于_____ min，终凝时间不得迟于_____ min。
11. 通用水泥中，_____水泥耐热性最好。
12. 大体积混凝土工程中不宜选用_____水泥。
13. 矿渣水泥与硅酸盐水泥相比，其早期强度_____，后期强度_____，水化热_____，抗蚀性_____，抗冻性_____。
14. 活性混合材料的主要活性成分是_____、_____。
15. 造成硅酸盐水泥腐蚀的内因是水泥石中存在_____、_____、_____。
16. 水泥体积安定性的测定有两种方法，即_____和_____。当两者发生争议时，以_____为准。

17. 早期强度要求高、抗冻性好的混凝土应选用_____水泥；抗淡水侵蚀强、抗渗性高的混凝土应选用_____水泥。

18. 水泥石组成中，_____含量增加，水泥石强度提高。

19. 矿渣水泥抗硫酸盐侵蚀性比硅酸盐水泥_____，其原因是矿渣水泥水化产物中_____和_____含量少。

20. 硅酸盐水泥水化后的主要产物有_____、_____、氢氧化钙、水化铁酸钙和水化铝酸三钙等。

四、选择题

1. (　　)属于水硬性胶凝材料，而(　　)属于气硬性胶凝材料。
   A. 石灰、石膏　　　B. 水泥　　　C. 水泥、石膏　　　D. 水泥、石灰

2. 硅酸盐水泥中最主要的矿物组分是(　　)。
   A. 硅酸三钙　　　B. 硅酸二钙　　　C. 铝酸三钙　　　D. 铁铝酸四钙

3. 硅酸盐水泥熟料矿物中，硅酸三钙、铝酸三钙、硅酸二钙与水反应速度的快慢依次是(　　)。
   A. 最快、最慢、中等　　　B. 最慢、中等、最快
   C. 中等、最慢、最快　　　D. 中等、最快、最慢

4. (　　)的耐热性最好。
   A. 硅酸盐水泥　　　B. 粉煤灰水泥　　　C. 矿渣水泥　　　D. 火山灰水泥

5. 下列水泥品种中，抗渗性最差的是(　　)。
   A. 普通硅酸盐水泥　　B. 火山灰水泥　　C. 矿渣水泥　　D. 硅酸盐水泥

6. 道路水泥中，(　　)的含量高。
   A. $C_2S C_4AF$　　　B. $C_3S C_4AF$　　　C. $C_3A C_4AF$　　　D. $C_2S C_3S$

7. 以下品种水泥配制的混凝土，在高湿度环境中或永远处在水下时效果最差的是(　　)。
   A. 普通水泥　　　B. 矿渣水泥　　　C. 火山灰水泥　　　D. 粉煤灰水泥

8. 在硅酸盐水泥生产过程中，掺入适量石膏的作用是(　　)。
   A. 促凝　　　B. 缓凝　　　C. 硬化　　　D. 增加强度

9. 代号 P·P 表示(　　)。
   A. 硅酸盐水泥　　　B. 普通水泥　　　C. 矿渣水泥　　　D 火山灰水泥

10. 对硅酸盐水泥强度起决定性作用的矿物成分是(　　)。
    A. C_3S、C_3A　　B. C_2S、C_3A　　C. C_4AF、C_3S　　D. C_3S、C_2S

11. 欲制成低热水泥，应提高含量的矿物成分是(　　)。
    A. C_3S　　　B. C_2S　　　C. C_3A　　　D. C_4AF

12. 硅酸盐水泥中的氧化镁含量应小于(　　)%。
    A. 3.5　　　B. 5.0　　　C. 6.0　　　D. 10

13. 普通水泥的三氧化硫含量不得超过(　　)%。
    A. 3.5　　　B. 4.0　　　C. 5.0　　　D. 6.0

14. 六大水泥的初凝时间不得短于( )min。
    A. 30　　　　B. 40　　　　C. 45　　　　D. 90
15. 硅酸盐水泥的终凝时间不得超过( )min。
    A. 100　　　B. 390　　　C. 600　　　D. 720
16. 水泥强度是指( )的强度。
    A. 水泥净浆　B. 胶砂　　　C. 混凝土试块　D. 砂浆试块
17. 水泥的强度是根据规定龄期的( )划分的。
    A. 抗压强度　　　　　　　　B. 抗折强度
    C. 抗压强度和抗折强度　　　D. 抗压强度和抗拉强度
18. 当水泥的细度不能达标时，该水泥应( )。
    A. 可以使用　B. 以废品论　C. 以不合格品论　D. 降级使用
19. 大体积混凝土施工应考虑水泥的( )性质。
    A. 强度　　　B. 变形　　　C. 水化热　　　D. 体积安定性
20. ( )的腐蚀，称为"双重腐蚀"。
    A. 软水　　　B. 碳酸　　　C. 盐酸　　　D. 硫酸镁
21. 水泥石中极易被环境水侵蚀的成分是( )。
    A. 水化硅酸钙　B. 水化铁酸钙　C. 氢氧化钙　D. 水化硫铝酸钙
22. 矿渣水泥与火山灰水泥比较，两者( )不同。
    A. 抗冻性　　B. 水化热　　C. 耐热性　　D. 强度发展
23. 屋面抗渗混凝土工程，宜选用( )。
    A. 硅酸盐水泥　　　　　　　B. 普通水泥
    C. 矿渣水泥　　　　　　　　D. 火山灰水泥
    E. 粉煤灰水泥
24. 大体积混凝土闸、坝工程，宜优选( )。
    A. 硅酸盐水泥　B. 普通水泥　C. 矿渣水泥　D. 粉煤灰水泥
    E. 复合水泥
25. 高温车间的衬护混凝土，宜选用( )。
    A. 硅酸盐水泥　B. 普通水泥　C. 矿渣水泥　D. 粉煤灰水泥
    E. 复合水泥
26. 有硫酸盐侵蚀的地下室围护结构的抗渗混凝土，宜选用( )。
    A. 普通水泥　B. 矿渣水泥　C. 火山灰水泥　D. 粉煤灰水泥
27. 散装水泥应( )存放，先存者先用。
    A. 入仓　　　B. 分仓　　　C. 同仓　　　D. 聚合
28. 入仓的袋装水泥与墙、地间隔应保持( )cm以上。
    A. 10　　　　B. 30　　　　C. 50　　　　D. 60
29. 袋装水泥的每平方米存放数量不应超过( )包。
    A. 10　　　　B. 20　　　　C. 30　　　　D. 50
30. 水泥的存放期限规定为( )个月。
    A. 1　　　　　B. 3　　　　　C. 4　　　　　D. 6

31. 我国现行水泥胶砂强度检验方法采用（　　）标准。
    A. BS　　　　　　B. GB　　　　　　C. ASTM　　　　　　D. ISO
32. （　　）适合于抗渗混凝土工程。
    A. 硅酸盐水泥　　B. 火山灰水泥　　C. 矿渣水泥　　　　D. 粉煤灰水泥
33. 硅酸盐水泥石中的凝胶由（　　）凝聚而成。
    A. 水化硫铝酸钙　B. 水化硅酸钙　　C. 水化铝酸三钙　　D. 氢氧化钙
34. 热工设备基础宜选用（　　）水泥。
    A. 高铝　　　　　B. 矿渣　　　　　C. 普通　　　　　　D. 火山灰
35. 硅酸盐水泥适用于（　　）混凝土工程。
    A. 快硬高强　　　B. 大体积　　　　C. 与海水接触的　　D. 受热的
36. 纯（　　）与水反应强烈，导致水泥立即凝结，故常掺入适量石膏，以调节凝结时间。
    A. C_3S　　　　　B. C_2S　　　　　C. C_3A　　　　　　D. C_4AF
37. 体积安定性不良的水泥（　　）使用。
    A. 不准　　　　　　　　　　　　　　B. 可降低等级
    C. 可拌制砂浆　　　　　　　　　　　D. 可掺入新水泥中
38. 矿渣水泥比硅酸盐水泥抗硫酸盐腐蚀能力强的原因是矿渣水泥（　　）。
    A. 水化产物中氢氧化钙较少
    B. 水化反应速度较慢
    C. 水化热较低
    D. 熟料相对含量减少，矿渣活性成分的反应，因而其水化产物中氢氧化钙和水化铝酸钙都较少
39. 硅酸盐水泥中，对强度贡献最大的熟料矿物是（　　）。
    A. C_3S　　　　　B. C_2S　　　　　C. C_3A　　　　　　D. C_4AF
40. 用沸煮法检验水泥体积安定性，只能检查出由（　　）所引起的安定性不良。
    A. 游离 CaO　　　　　　　　　　　　B. 游离 MgO
    C. 游离 CaO 和游离 MgO　　　　　　 D. SO_3
41. 在完全水化的硅酸盐水泥中，（　　）是主要水化产物，约占70%。
    A. 水化硅酸钙凝胶　　　　　　　　　B. 氢氧化钙晶体
    C. 水化铝酸钙晶体　　　　　　　　　D. 水化铁酸钙凝胶
42. 硅酸盐水泥石在遭受破坏的各种腐蚀机理中，与反应产物 Ca(OH)$_2$ 无关的是（　　）。
    A. 硫酸盐腐蚀　　B. 镁盐腐蚀　　　C. 碳酸腐蚀　　　　D. 强碱腐蚀
43. 在硅酸盐水泥熟料矿物组成中，对水泥石抗折强度贡献最大的是（　　）。
    A. C_3S　　　　　B. C_2S　　　　　C. C_3A　　　　　　D. C_4AF
44. 水泥细度可用（　　）测定。
    A. 筛析法　　　　B. 比表面积法　　C. 试饼法　　　　　D. 雷氏法
45. 影响水泥体积安定性的因素主要有（　　）。
    A. 熟料中氧化镁含量　　　　　　　　B. 熟料中硅酸三钙含量
    C. 水泥的细度　　　　　　　　　　　D. 水泥中三氧化硫含量

46. 硅酸盐水泥的腐蚀包括( )。
    A. 溶析性侵蚀　　　　　　　　　　B. 硫酸盐的侵蚀
    C. 镁盐的侵蚀　　　　　　　　　　D. 碳酸的侵蚀

47. 水泥的活性混合材料包括( )。
    A. 石英砂　　　B. 粒化高炉矿渣　　C. 粉煤灰　　　D. 黏土

48. 在五大品种水泥中,抗冻性好的是( )。
    A. 硅酸盐水泥　　　　　　　　　　B. 粉煤灰水泥
    C. 矿渣水泥　　　　　　　　　　　D. 普通硅酸盐水泥

49. 下列水泥不能用于配制严寒地区处在水位升降范围内的混凝土的是( )。
    A. 普通水泥　　B. 矿渣水泥　　　C. 火山灰水泥　　D. 粉煤灰水泥

50. 影响硅酸盐水泥强度的主要因素包括( )。
    A. 熟料组成　　B. 水泥细度　　　C. 储存时间　　　D. 养护条件
    E. 龄期

51. 造成硅酸盐水泥腐蚀的基本原因是( )。
    A. 含过多的游离 CaO　　　　　　　B. 水泥石中存在 $Ca(OH)_2$
    C. 水泥石中存在水化硫铝酸钙　　　D. 水泥石本身不密实
    E. 掺入石膏过多

52. 矿渣水泥适用于( )的混凝土工程。
    A. 抗渗性要求较高　　　　　　　　B. 早期强度要求较高
    C. 大体积　　　　　　　　　　　　D. 耐热
    E. 软水侵蚀

53. 水泥的技术指标有( )。
    A. 细度　　　　B. 凝结时间　　　C. 含泥量　　　　D. 体积安定性
    E. 强度

54. 蒸汽养护的构件可选用( )。
    A. 硅酸盐水泥　B. 普通水泥　　　C. 矿渣水泥　　　D. 火山灰水泥
    E. 粉煤灰水泥

55. 早期强度较高的水泥品种有( )。
    A. 硅酸盐水泥　B. 普通水泥　　　C. 矿渣水泥　　　D. 火山灰水泥
    E. 复合水泥

56. 下列水泥品种中不宜用于大体积混凝土工程的有( )。
    A. 硅酸盐水泥　B. 普通水泥　　　C. 火山灰水泥　　D. 粉煤灰水泥
    E. 高铝水泥

57. 矿渣水泥与硅酸盐水泥相比有( )的特性。
    A. 早期强度高　　　　　　　　　　B. 早期强度低,后期强度增长较快
    C. 抗冻性好　　　　　　　　　　　D. 耐热性好
    E. 水化热低

58. 矿渣水泥、火山灰水泥和粉煤灰水泥的共性有( )。
    A. 早期强度低,后期强度高　　　　B. 水化热低

    C. 干缩小
    D. 抗冻性差
    E. 抗碳化能力差
59. 下列介质中对水泥石起双重腐蚀作用的有（   ）。
    A. 软水   B. 硫酸   C. 盐酸   D. 氯化镁
    E. 硫酸镁
60. 对于硅酸盐水泥，下列叙述错误的是（   ）。
    A. 现行国家标准规定硅酸盐水泥初凝时间不早于 45 min，终凝时间不迟于 10 h
    B. 不适宜大体积混凝土工程
    C. 不适用配制耐热混凝土
    D. 不适用配制有耐磨性要求的混凝土
    E. 不适用早期强度要求高的工程
61. 在水泥的贮运与管理中应注意的问题是（   ）。
    A. 防止水泥受潮
    B. 水泥存放期不宜过长
    C. 对于过期水泥，作废品处理
    D. 严防不同品种、不同强度等级的水泥在保管中发生混乱
    E. 坚持限额领料，杜绝浪费

五、简答题

1. 某些体积安定性轻度不合格的水泥，存放一段时间后变为合格，为什么？

2. 常用的水泥有哪五种？

3. 水泥的主要水化产物有哪些？

4. 现有甲、乙两厂生产的硅酸盐水泥熟料，其矿物成分见下表，试估计和比较这两厂所生产的硅酸盐水泥的性能有何差异。

生产厂	熟料矿物成分/%			
	C_3S	C_2S	C_3A	C_4AF
甲	56	17	12	15
乙	42	35	7	16

5. 引起水泥体积安定性不良的原因是什么？安定性不良的水泥应如何处理？

6. 简述硅酸盐水泥的主要特性及应用。

7. 掺入混合材料的水泥与硅酸盐水泥相比，在组成和性能上有何区别？

8. 分析硅酸盐水泥受腐蚀的原因及防止腐蚀的措施。

9. 简述硅酸盐水泥强度发展的规律及影响其凝结硬化的主要因素。

10. 某工地材料仓库存有 4 种白色粉末，原分别标明为磨细生石灰、建筑石膏、白水泥和白色石灰石粉，后因保管不善，标签脱落，此时可用什么简易方法来辨认？

11. 简述检验水泥强度的方法及强度等级的评定。

12. 在下列混凝土工程中，试分别选用合适的水泥品种。
(1)早期强度要求高、抗冻性好的混凝土；
(2)抗软水和硫酸盐腐蚀较强、耐热的混凝土；
(3)抗淡水侵蚀强、抗渗性高的混凝土；
(4)抗硫酸盐腐蚀较高、干缩小、抗裂性较好的混凝土；
(5)夏季现浇混凝土；
(6)紧急军事工程；
(7)大体积混凝土；
(8)水中、地下的建筑物；
(9)在我国北方，冬期施工的混凝土；
(10)位于海水下的建筑物；
(11)填塞建筑物接缝的混凝土；

(12)采用湿热养护的混凝土构件。

六、实训

1. 题目:水泥应用调查。
2. 调查结果。

1.水泥在本地工程中的应用情况
2.水泥主要生产厂家、品牌、价格

第 4 章　混凝土

一、名词解释

1. 砂的颗粒级配
2. 粗集料的最大粒径
3. 合理砂率
4. 混凝土立方体抗压强度
5. 碱-集料反应
6. 砂的饱和面干状态
7. 混凝土拌合物的流动性
8. 混凝土
9. 混凝土拌合物的工作性
10. 混凝土抗压强度标准值
11. 砂率
12. 混凝土基准配合比
13. 混凝土的配合比
14. 高强度混凝土
15. 轻混凝土
16. 减水剂
17. 连续级配
18. 间断级配

二、判断题

1. 两种砂子的细度模数相同，它们的级配不一定相同。（　　）
2. 在拌制混凝土中，砂越细越好。（　　）
3. 试拌混凝土时，若测定混凝土的坍落度满足要求，则混凝土的工作性良好。（　　）
4. 卵石混凝土比同条件配合比拌制的碎石混凝土的流动性好，但强度低一些。（　　）
5. 混凝土拌合物中水泥浆越多，和易性越好。（　　）
6. 普通混凝土的强度与其水胶比呈线性关系。（　　）
7. 在混凝土中掺入引气剂，则混凝土密实度降低，因而其抗冻性也降低。（　　）
8. 计算混凝土的水胶比时，要考虑使用水泥的实际强度。（　　）
9. 普通水泥混凝土配合比设计计算中，可以不考虑耐久性的要求。（　　）
10. 混凝土施工配合比和实验室配合比两者的水胶比相同。（　　）

11. 混凝土外加剂是一种能使混凝土强度大幅度提高的填充料。（   ）
12. 混凝土的强度平均值和标准差，都是说明混凝土质量的离散程度的。（   ）
13. 在混凝土施工中，统计得出混凝土强度标准差越大，则表明混凝土生产质量不稳定，施工水平越差。（   ）
14. 高性能混凝土就是指高强度的混凝土。（   ）
15. 配制中等强度等级以下的混凝土时，在条件允许的情况下应尽量采用大粒径的粗集料。（   ）
16. 间断级配能降低集料的空隙率、节约水泥，故在建筑工程中应用较多。（   ）
17. 因水资源短缺，故应尽可能采用污水和废水养护混凝土。（   ）
18. 测定混凝土拌合物流动性时，坍落度法比维勃稠度法更准确。（   ）
19. 水胶比在 0.4～0.8 范围内，水胶比变化对混凝土拌合物的流动性影响不大。（   ）
20. 选择坍落度的原则应当是在满足施工要求的条件下，尽可能采用较小的坍落度。（   ）
21. 当混凝土的水胶比较小时，所采用的合理砂率值较小。（   ）
22. 当砂子的细度模数较小时，混凝土的合理砂率值较大。（   ）
23. 混凝土用蒸汽养护后，其早期和后期强度均得到提高。（   ）
24. 流动性大的混凝土比流动性小的混凝土强度低。（   ）
25. 在混凝土拌合物中，保持 W/C 不变，增加水泥浆量，可增大拌合物的流动性。（   ）
26. 道路水泥、砌筑水泥、耐酸水泥、耐碱水泥都属于专用水泥。（   ）
27. 高速公路路面混凝土用水泥的铝酸三钙含量不宜大于 5%。（   ）
28. 混凝土抗压强度试件以边长 150 mm 的立方体为标准试件，集料最大粒径为 40 mm。（   ）
29. 混凝土抗压试件在试压前如有蜂窝等缺陷，应原状试验，不得用水泥浆修补。（   ）
30. 为满足公路桥涵混凝土耐久性的需要，在进行配合比设计时，应从最大水胶比和最小水泥用量两个方面加以限制。（   ）
31. 有抗冻要求的桥涵混凝土工程，不得掺入引气剂，以免增加混凝土中的含气量。（   ）
32. 冬期施工混凝土拌合物的出机温度不宜低于 10 ℃。（   ）
33. 水泥石中的 $Ca(OH)_2$ 与含碱高的集料反应，形成碱-集料反应。（   ）
34. 混凝土中掺入粉煤灰可以节约水泥，但不能改善混凝土的其他性能。（   ）
35. 混凝土外加剂是在混凝土拌制过程中掺入用以改善混凝土性质的物质，除特殊情况外，掺量不大于水泥质量的 5%。（   ）
36. 水泥混凝土路面所用水泥中，C_4AF 含量高时，有利于混凝土抗折强度的提高。（   ）
37. 公路桥涵钢筋混凝土冬期施工，可适量掺入氯化钙、氯化钠等外加剂。（   ）
38. 有抗冻要求的混凝土工程应尽量采用火山灰硅酸盐水泥，以发挥其火山灰效应。（   ）

39. 冬期施工搅拌混凝土时，可将水加热，但水泥不应与80℃以上的热水直接接触。（ ）
40. 常用的木质磺酸钙减水剂的适宜用量为水泥用量的2‰～3‰。（ ）
41. 粗、细集料配合使用，可调节混凝土的抗压、抗折强度。（ ）
42. 在水泥浆用量一定的条件下，砂率过大，混凝土拌合物流动性小，保水性差，易离析。（ ）
43. 改善混凝土工作性的唯一措施是掺加相应的外加剂。（ ）
44. 通过坍落度试验可检验混凝土拌合物的黏聚性、保水性和流动性。（ ）
45. 混凝土配合比设计的三参数是指水胶比、砂率、水泥用量。（ ）
46. 水泥混凝土的养护条件对其强度有显著影响，一般是指湿度、温度、龄期。（ ）
47. 当混凝土坍落度达不到要求时，在施工中可适当增加用水量。（ ）
48. 混凝土试块的尺寸越小，测得的强度值越高。（ ）
49. 混凝土的配制强度必须高于该混凝土的设计强度等级。（ ）
50. 为了使砂的表面积尽量小，以节约水泥，应尽量选用粗砂。（ ）
51. 砂、石的级配若不好，应进行调配，以满足混凝土和易性、强度及耐久性要求。（ ）
52. 粗集料粒径越大，总表面积越小，越节约水泥，所以不必考虑粒径多大。（ ）
53. 粗集料中较理想的颗粒形状应是球形或立方体颗粒。（ ）
54. 用卵石拌制混凝土由于和易性更好，强度也会较高。（ ）
55. 计算普通混凝土配合比时，集料以气干状态为准。（ ）
56. 地下水、地表水均可用于一般混凝土工程。（ ）
57. 若混凝土构件截面尺寸较大，钢筋较密，或用机械振捣，则坍落度可选择小些。（ ）
58. 混凝土强度等级采用符号C与立方体抗压强度值来表示。（ ）
59. 混凝土与钢筋粘结强度、混凝土质量有关，与混凝土抗压强度无关。（ ）
60. 水胶比越小，流动性越小，强度越高，耐久性也越好。（ ）
61. 混凝土强度随龄期成正比增长。（ ）
62. 加荷速度越快，混凝土试块破坏越快，故测得的强度值也就越小。（ ）
63. 降低水胶比是提高混凝土强度的最有效途径，故在配制高强度混凝土时，可选用尽量小的水胶比。（ ）
64. 一般来讲，砂的细度模数越小，水泥用量越多。（ ）
65. 混凝土配合比数据一旦用于工程，就不可更改。（ ）
66. 水泥混凝土的强度理论指出，混凝土的强度仅与水胶比的大小有关。（ ）
67. 混凝土质量评定中，强度标准差越大，表明施工单位的施工水平越差。（ ）
68. 抗折强度是路面混凝土的主要力学指标。（ ）
69. 在结构尺寸及施工条件允许下，尽可能选择较大粒径的粗集料，可以节约水泥。（ ）
70. 影响混凝土拌合物流动性的主要因素是总用水量的多少。（ ）
71. 混凝土制品采用蒸汽养护的目的，在于使早期和后期强度都得到提高。（ ）
72. 在常用水胶比范围内，水胶比越小，混凝土强度越高，质量越好。（ ）

73. 在混凝土中掺入适量减水剂，不减少用水量，则可改善混凝土拌合物的和易性，显著提高混凝土的强度，并可节约水泥的用量。（   ）

74. 砂率是指混凝土中砂与石子的质量百分率。（   ）

75. 混凝土的基准配合比要求混凝土的坍落度、黏聚性和保水性均应符合要求。（   ）

76. 混凝土的流动性用沉入度来表示。（   ）

77. 相对湿度越大，混凝土碳化的速度就越快。（   ）

三、填空题

1. 水泥混凝土按表观密度，可分为＿＿＿＿＿、＿＿＿＿＿和轻混凝土。
2. 混凝土拌合物工作性的试验方法有＿＿＿＿＿和＿＿＿＿＿两种。
3. 混凝土的试拌坍落度若低于设计坍落度，通常采取＿＿＿＿＿＿＿＿＿＿的措施。
4. 在混凝土配合比设计中，通过＿＿＿＿＿和＿＿＿＿＿两个方面控制混凝土的耐久性。
5. 混凝土的三大技术性质是指＿＿＿＿＿、＿＿＿＿＿和＿＿＿＿＿。
6. 水泥混凝土配合比的表示方法有＿＿＿＿＿和＿＿＿＿＿。
7. 普通混凝土配合比设计分为＿＿＿＿＿、＿＿＿＿＿和＿＿＿＿＿三个步骤。
8. 混凝土的强度等级是依据＿＿＿＿＿划分的。
9. 混凝土施工配合比要依据砂石的＿＿＿＿＿进行折算。
10. 砂从干到湿，可分为＿＿＿＿＿、＿＿＿＿＿、＿＿＿＿＿和＿＿＿＿＿四种。
11. 选择混凝土用砂的两个重要参数是＿＿＿＿＿和＿＿＿＿＿。
12. 混凝土中粗集料的最大粒径不得超过结构截面最小尺寸的＿＿＿＿＿和钢筋净距的＿＿＿＿＿，混凝土实心板的粗集料一般不宜超过＿＿＿＿＿mm。
13. 混凝土中掺入引气剂后，可明显提高硬化混凝土的＿＿＿＿＿和＿＿＿＿＿。
14. 混凝土拌合物的和易性包括＿＿＿＿＿、＿＿＿＿＿和＿＿＿＿＿三个方面，其中＿＿＿＿＿可采用坍落度和维勃稠度表示，＿＿＿＿＿和＿＿＿＿＿凭经验目测。
15. 在配制混凝土时，如砂率过大，拌合物要保持一定的流动性，就需要＿＿＿＿＿。
16. 在其他条件一定的情况下，采用细砂比采用中砂配制混凝土时砂率应适当＿＿＿＿＿。
17. 在混凝土的施工性能满足的条件下，拌合物的坍落度尽可能采用较＿＿＿＿＿值。
18. 对混凝土用砂进行筛分析试验，其目的是测定砂的＿＿＿＿＿和＿＿＿＿＿。
19. 砂子的筛分曲线用来分析砂子的＿＿＿＿＿，细度模数表示砂子的＿＿＿＿＿。
20. 混凝土的强度标准差 σ 值越小，表明混凝土质量越稳定，施工水平＿＿＿＿＿。
21. $CaCl_2$ 属于＿＿＿＿＿外加剂，对预应力钢筋混凝土结构，该外加剂＿＿＿＿＿（适用、不适用）。
22. 大体积混凝土工程应优先选用＿＿＿＿＿水泥，所用粗集料最大粒径应较＿＿＿＿＿。
23. 建筑工程中所使用的混凝土，一般必须满足＿＿＿＿＿、和易性、＿＿＿＿＿的基本要求。
24. 今后混凝土将沿着＿＿＿＿＿、＿＿＿＿＿、多功能的方向发展。
25. 粗集料颗粒级配有＿＿＿＿＿和＿＿＿＿＿之分。

26. 颗粒的长度大于该颗粒所属粒级平均粒径2.4倍者称为_____。厚度小于平均粒径的40％者称为_____。
27. 混凝土硬化前拌合物的性质主要是指_____，也称为工作性。
28. 影响混凝土拌合物和易性的主要因素有_____、_____、_____及其他影响因素。
29. 确定混凝土配合比的三个基本参数是_____、_____和_____。

四、选择题

1. 轻混凝土通常干表观密度在(　　)kg/m³以下。
   A. 900   B. 1 950   C. 2 400   D. 2 900
2. 坍落度小于(　　)mm 的新拌混凝土，采用维勃稠度仪测定其工作性。
   A. 20   B. 15   C. 10   D. 5
3. 通常情况下，混凝土的水胶比越大，其强度(　　)。
   A. 越大   B. 越小
   C. 不变   D. 不一定
4. 高强度混凝土是指混凝土强度等级为(　　)及其以上的混凝土。
   A. C30   B. C40   C. C50   D. C60
5. 立方体抗压强度标准值是混凝土抗压强度总体分布中的一个值，强度不得低于该值的(　　)％。
   A. 15   B. 10   C. 5   D. 3
6. 流动性混凝土拌合物的坍落度是指坍落度在(　　)mm 的混凝土。
   A. 10～40   B. 50～90   C. 100～150   D. 大于160
7. (　　)是既满足强度要求又满足工作性要求的配合比设计。
   A. 初步配合比   B. 基本配合比
   C. 实验室配合比   D. 工地配合比
8. 在混凝土配合比设计时，必须按耐久性要求校核(　　)。
   A. 砂率   B. 水泥用量
   C. 浆集比   D. 水胶比
9. 在混凝土中掺入(　　)，对混凝土抗冻性有明显改善。
   A. 引气剂   B. 减水剂
   C. 缓凝剂   D. 早强剂
10. 轻集料混凝土的破坏一般是(　　)。
    A. 沿着砂、石与水泥结合面破坏   B. 轻集料本身强度较低，首先破坏
    C. A 和 B 均正确   D. A 和 B 均错误
11. 轻集料混凝土与普通混凝土相比，更适宜用于(　　)。
    A. 有抗震要求的结构   B. 水工建筑
    C. 地下工程   D. 防射线工程
12. 在混凝土配合比设计时，确定用水量的主要依据是(　　)。
    A. 集料的品种与粗细级配、所要求的流动性大小

B. 集料的品种与粗细级配、水胶比、砂率

C. 混凝土拌合物的流动性或水胶比、混凝土的强度

D. 集料的品种与粗细级配、水泥用量

13. 影响合理砂率的主要因素是（　　）。
    A. 集料的品种与粗细级配、混凝土拌合物的流动性或水灰比
    B. 集料的品种与粗细级配、混凝土的强度
    C. 混凝土拌合物的流动性或水胶比、混凝土的强度
    D. 集料的品种与粗细级配、水泥用量

14. 加气混凝土主要用于（　　）。
    A. 承重结构   B. 承重结构和非承重结构
    C. 非承重保温结构   D. 承重保温结构

15. 高强度混凝土工程应优先选用（　　）。
    A. 硅酸盐水泥   B. 矿渣水泥   C. 自应力水泥   D. 高铝水泥

16. 普通混凝土的抗拉强度为抗压强度的（　　）。
    A. 1/10～1/5   B. 1/20～1/10   C. 1/30～1/20   D. 1/40～1/30

17. 在混凝土中，砂、石主要起（　　）作用。
    A. 包裹   B. 填充   C. 骨架   D. 胶结
    E. 润滑

18. 普通混凝土的水泥强度等级一般为混凝土强度等级的（　　）倍。
    A. 0.9～1.5   B. 1.5～2.0
    C. 2.0～2.5   D. 2.5～3.0

19. 建筑工程一般采用（　　）做细集料。
    A. 山砂   B. 河砂   C. 湖砂   D. 海砂

20. 混凝土对砂子的技术要求是（　　）。
    A. 空隙率小   B. 总表面积小
    C. 总表面积小，尽可能粗   D. 空隙率小，尽可能粗

21. 下列砂子中，（　　）不属于普通混凝土用砂。
    A. 粗砂   B. 中砂   C. 细砂   D. 特细砂

22. 某烘干砂 500 g 在各号筛（5.0 mm、2.5 mm、1.25 mm、0.63 mm、0.315 mm、0.16 mm）的累计筛余百分率分别为 5%、15%、25%、60%、80%、98%，则该砂属于（　　）。
    A. 粗砂   B. 中砂   C. 细砂   D. 特细砂

23. 混凝土用砂的粗细及级配的评定方法是（　　）。
    A. 沸煮法   B. 筛析法   C. 软炼法   D. 雷氏法

24. 当水胶比大于 0.60 以上时，碎石较卵石配制的混凝土强度（　　）。
    A. 大得多   B. 差不多   C. 小得多   D. 无法确定

25. 混凝土用石子的粒形宜选择（　　）。
    A. 针状形   B. 片状形   C. 方圆形   D. 椭圆形

26. 最大粒径是指粗集料公称粒级的（　　）。
    A. 上限   B. 中限   C. 下限   D. 具体大小

27. 混凝土用粗集料的最大粒径不大于结构截面最小尺寸的（　　）。
    A. 1/4   B. 1/2   C. 1/3   D. 3/4

28. C25 现浇钢筋混凝土梁，断面尺寸为 300 mm×500 mm，钢筋直径为 20 mm，钢筋间最小中心距为 80 mm，石子的公称粒级宜选择（　　）。
    A. 5~60   B. 20~40   C. 5~31.5   D. 5~40

29. 配制 C20、厚 120 mm 的钢筋混凝土楼板，石子的公称粒级宜选择（　　）。
    A. 5~60   B. 20~40   C. 5~31.5   D. 5~40

30. 计算普通混凝土配合比时，一般以（　　）的集料为基准。
    A. 干燥状态   B. 气干状态   C. 饱和面干状态 D. 湿润状态

31. 大型水利工程中，计算混凝土配合比通常以（　　）的集料为基准。
    A. 干燥状态   B. 气干状态   C. 饱和面干状态 D. 湿润状态

32. 下列用水中，（　　）为符合规范的混凝土用水。
    A. 河水   B. 江水   C. 海水   D. 湖水
    E. 饮用水   F. 工业废水

33. 最能体现混凝土拌合物施工能力的性质是（　　）。
    A. 流动性   B. 黏聚性   C. 保水性   D. 凝聚性

34. 坍落度值的大小直观反映混凝土拌合物的（　　）。
    A. 保水性   B. 黏聚性   C. 流动性   D. 需水量

35. 无筋的厚大结构或基础垫层，坍落度宜选择（　　）。
    A. 较大值   B. 较小值   C. 平均值   D. 最大值

36. 当水胶比偏小时，混凝土拌合物易发生（　　）。
    A. 分层   B. 离析   C. 流浆   D. 泌水

37. 当施工要求流动性较大时，混凝土用水量应选择（　　）。
    A. 较大值   B. 中间值   C. 较小值   D. 平均值

38. 石子粒径增大，混凝土用水量应（　　）。
    A. 增大   B. 不变   C. 减小   D. 不能确定

39. 选择合理砂率有利于（　　）。
    A. 增大坍落度   B. 节约水泥
    C. 提高混凝土工作性或节约水泥   D. 提高强度

40. 提高混凝土拌合物的流动性可采用的方法是（　　）。
    A. 增加用水量   B. 保持 W/C 不变，增加水泥浆量
    C. 增大石子粒径   D. 减小砂率

41. （　　）作为评价硬化后混凝土质量的主要指标。
    A. 工作性   B. 强度   C. 变形性   D. 耐久性

42. 混凝土强度试件尺寸是由（　　）确定的。
    A. 混凝土强度等级   B. 施工难易程度
    C. 石子最大粒径   D. 构造部位

43. 混凝土强度等级是由（　　）划分的。
    A. 立方体抗压强度   B. 立方体抗压强度平均值
    C. 轴心抗压强度   D. 立方体抗压强度标准值

44. 混凝土强度随水胶比增大而（　　）。
    A. 增大　　　　B. 不变　　　　C. 减小　　　　D. 不能确定

45. 保证混凝土的耐久性，应控制（　　）。
    A. 最大水胶比　　B. 最小水泥用量　　C. 最小水胶比　　D. 最大水泥用量
    E. 最大水胶比、最小水泥用量　　　　F. 最小水胶比、最大水泥用量

46. 当环境的相对湿度为（　　）时，混凝土碳化停止。
    A. 25%～50%　　　　　　　　　　B. 50%～75%
    C. 75%～100%　　　　　　　　　　D. 小于25%或大于100%

47. 木钙掺量0.25%，"0.25%"是指以（　　）为基准量计算的。
    A. 用水量　　　B. 水泥用量　　　C. 混凝土用量　　　D. 砂率

48. 在使用冷拉钢筋的混凝土结构及预应力混凝土结构中，不允许掺用（　　）。
    A. 氯盐早强剂　　　　　　　　　　B. 硫酸盐早强剂
    C. 有机胺类早强剂　　　　　　　　D. 有机-无机化合物类早强剂

49. 在高湿度空气环境中，水位升降部位、露天或经受水淋的结构，不允许掺用（　　）。
    A. 氯盐早强剂　　　　　　　　　　B. 硫酸盐早强剂
    C. 三乙醇胺复合早强剂　　　　　　D. 三异丙醇胺早强剂

50. 设计混凝土配合比时，水胶比是根据（　　）确定的。
    A. 混凝土强度　　　　　　　　　　B. 混凝土工作性
    C. 混凝土耐久性　　　　　　　　　D. 混凝土强度与耐久性

51. 设计混凝土配合比时，确定配制强度之后的步骤是（　　）。
    A. 求水泥用量　　B. 求用水量　　C. 求水胶比　　D. 求砂率

52. 某混凝土配合比设计中，已知单位用水量为170 kg，水胶比0.60，砂率30%，混凝土表观密度为2 400 kg/m³，则砂用量为（　　）kg。
    A. 1 363　　　　B. 584　　　　C. 690　　　　D. 1 200

53. 某混凝土配合比设计中，已知单位用水量为170 kg，水胶比0.60，砂率30%，各材料密度：$\rho_c=3.0\times10^3\,kg/m^3$，$\rho_w=1.0\times10^3\,kg/m^3$，$\rho_{os}=\rho_{og}=2.5\times10^3\,kg/m^3$，则砂用量为（　　）kg。
    A. 544　　　　B. 1 070　　　　C. 572　　　　D. 1 287

54. 某混凝土施工配合比为$C:S:G:W=1:2.00:4.00:0.48$，已知工地砂含水率为7%，石子含水率为3%，则理论水胶比为（　　）。
    A. 0.48　　　　B. 0.51　　　　C. 0.74　　　　D. 0.78

55. 已知普通混凝土配制强度为26.6 MPa，水泥实际强度为39 MPa，粗集料为卵石（$\alpha_a=0.48$，$\alpha_b=0.33$），则其水胶比为（　　）。
    A. 0.59　　　　B. 1.75　　　　C. 0.60　　　　D. 0.57

56. 用一包水泥拌制含水率为6%的砂石混合集料300 kg，用去了15 kg水，则该混凝土的水胶比为（　　）。
    A. 0.30　　　　B. 0.65　　　　C. 0.64　　　　D. 0.60

57. 在混凝土中掺入减水剂，若保持用水量不变，则可以提高混凝土的（　　）。
    A. 强度　　　　B. 耐久性　　　　C. 流动性　　　　D. 抗渗性

58. 用于大体积混凝土或长距离运输混凝土的外加剂是（　　）。
    A. 早强剂　　　　B. 缓凝剂　　　　C. 引气剂　　　　D. 速凝剂

59. 普通混凝土的表观密度接近一个恒定值，约为（　　）kg/m³。
    A. 1 900　　　　B. 2 400　　　　C. 2 600　　　　D. 3 000

60. 以下哪种过程不会发生收缩变形？（　　）
    A. 混凝土碳化　　　　　　　　　　B. 石灰硬化
    C. 石膏硬化　　　　　　　　　　　D. 混凝土失水

61. 夏期施工的大体积混凝土工程，应优先选用的外加剂为（　　）。
    A. 减水剂　　　　B. 早强剂　　　　C. 缓凝剂　　　　D. 膨胀剂

62. 若砂子的筛分曲线位于规定的三个级配区的某一区，则表明（　　）。
    A. 砂的级配合格，适合用于配制混凝土
    B. 砂的细度模数合格，适合用于配制混凝土
    C. 只能说明砂的级配合格，能否用于配制混凝土还不确定
    D. 只能说明砂的细度合适，能否用于配制混凝土还不确定

63. 混凝土强度等级不同时，能有效反映混凝土质量波动的主要指标为（　　）。
    A. 平均强度　　　　　　　　　　　B. 强度标准差
    C. 强度变异系数　　　　　　　　　D. 强度保证率

64. 硅酸盐水泥适用于（　　）工程。
    A. 有早强要求的混凝土　　　　　　B. 有海水侵蚀的混凝土
    C. 耐热混凝土　　　　　　　　　　D. 大体积混凝土

65. 混凝土中细集料最常用的是（　　）。
    A. 山砂　　　　B. 海砂　　　　C. 河砂　　　　D. 麻刚砂

66. 普通混凝土用砂的细度模数范围一般在（　　），以其中的中砂为宜。
    A. 3.7～3.1　　　　　　　　　　　B. 3.0～2.3
    C. 2.2～1.6　　　　　　　　　　　D. 3.7～1.6

67. 在水和水泥用量相同的情况下，用（　　）水泥拌制的混凝土拌合物的和易性最好。
    A. 普通　　　　B. 火山灰　　　　C. 矿渣　　　　D. 粉煤灰

68. 混凝土配合比的试配调整中规定，在进行混凝土强度试验时，至少采用三个不同的配合比，其中一个应为（　　）配合比。
    A. 初步　　　　B. 试验室　　　　C. 施工　　　　D. 基准

69. 抗渗混凝土是指其抗渗等级等于或大于（　　）级的混凝土。
    A. P4　　　　B. P6　　　　C. P8　　　　D. P10

70. 混凝土所用石子极限抗压强度与所配制的混凝土强度之比不应小于（　　）。
    A. 2　　　　B. 1.5　　　　C. 3　　　　D. 2.5

71. 配制高强度混凝土宜选用（　　）。
    A. 引气剂　　　　B. 早强剂　　　　C. 减水剂　　　　D. 速凝剂

72. 试配调整混凝土时，保水性较差，应采用（　　）的措施来改善。
    A. 增加砂率　　　B. 减少砂率　　　C. 增加水泥　　　D. 减少水泥

73. 影响混凝土强度的最大因素是（　　）。
    A. 砂率　　　　B. 水胶比　　　　C. 集料的性能　　　　D. 施工工艺

74. 水泥浆稠度、用水量、集料总量都不变的情况下，砂率过大或过小，混凝土的（　　）均降低。
    A. 流动性　　　　B. 黏聚性　　　　C. 保水性　　　　D. 黏聚性与保水性

75. 选用（　　）的集料，就可以避免混凝土遭受碱-集料反应。
    A. 碱性小　　　　B. 碱性大　　　　C. 活性　　　　　D. 非活性

76. 试拌混凝土时，当流动性偏低时，可采用提高（　　）的办法调整。
    A. 水泥用量　　　　　　　　　　　B. 加水量
    C. 水泥浆量(W/C 保持不变)　　　　D. 砂率

77. 施工所需的混凝土拌合物坍落度的大小主要根据（　　）来选取。
    A. 水胶比和砂率
    B. 水胶比和捣实方式
    C. 集料的性质、最大粒径和级配
    D. 构件的截面尺寸大小、钢筋疏密、捣实方式

78. 若混凝土拌合物的坍落度值达不到设计要求，可掺加（　　）外加剂来提高坍落度。
    A. 木钙　　　　B. 松香热聚物　　　C. 硫酸钠　　　　D. 三乙醇胺

79. 测定混凝土强度的标准试件尺寸为（　　）。
    A. 10 cm×10 cm×10 cm　　　　　　B. 15 cm×15 cm×15 cm
    C. 20 cm×20 cm×20 cm　　　　　　D. 7.07 cm×7.07 cm×7.07 cm

80. 为了提高混凝土的抗冻性，掺入引气剂，其掺量是根据混凝土的（　　）来控制的。
    A. 坍落度　　　B. 含气量　　　C. 抗冻强度等级　　　D. 抗渗强度等级

81. 混凝土不需测定（　　）。
    A. 抗压强度　　B. 坍落度　　　C. 分层度　　　　　　D. 保水性

82. 配制混凝土用的石子不需测定（　　）。
    A. 含泥量　　　　　　　　　　　B. 泥块含量
    C. 细度模数　　　　　　　　　　D. 针、片状颗粒含量

83. 水泥中碱含量太高，与活性集料反应会（　　）。
    A. 使混凝土破坏　　　　　　　　B. 提高集料界面强度
    C. 提高混凝土密实度　　　　　　D. 使混凝土收缩

84. 配置混凝土时，水泥浆量太多，会使（　　）。
    A. 耐久性、强度降低　　　　　　B. 黏聚性降低
    C. 保水性提高　　　　　　　　　D. 耐久性、强度降低，黏聚性降低

85. 为了提高混凝土的耐久性，掺入引气剂，其掺量是根据混凝土的（　　）来控制的。
    A. 坍落度　　　B. 含气量　　　C. 抗冻强度等级　　　D. 抗渗强度等级

86. 抗冻混凝土是指其抗冻等级等于或大于（　　）级的混凝土。
    A. F25　　　　B. F50　　　　C. F100　　　　　　　D. F150

87. 影响混凝土和易性的因素有（　　）。
    A. 水胶比　　　B. 砂率　　　　C. 单位用水量　　　　D. 外加剂
    E. 温度

88. 影响混凝土强度的因素有（　　）。
    A. 水泥强度　　B. 水胶比　　　C. 砂率　　　　　　　D. 集料的品种

E. 养护条件

89. 砂中的有害杂质有( )。
    A. 云母 B. 石英 C. 轻物质 D. 硫化物
    E. 硫酸盐

90. 混凝土配合比设计需满足的基本要求有( )。
    A. 工作性要求
    B. 强度要求
    C. 耐久性要求
    D. 符合节约水泥、降低成本的经济原则
    E. 水胶比要求

91. 若一袋水泥 50 kg 和含水率为 2% 的混合集料 320 kg 拌合时加入 26 kg 的水,则此拌合物的水胶比为( )。
    A. [26+320×2%/(1+2%)]/50
    B. (26+320×2%)/50
    C. [26+320−320/(1+2%)]/50
    D. 26/50
    E. [26−320×2%/(1+2%)]/50

92. 在普通混凝土中掺入引气剂,能( )。
    A. 改善拌合物的和易性
    B. 切断毛细管通道,提高混凝土抗渗性
    C. 使混凝土强度有所提高
    D. 提高混凝土的抗冻性
    E. 用于制作预应力混凝土

93. 缓凝剂主要用于( )。
    A. 大体积混凝土
    B. 高温季节施工的混凝土
    C. 远距离运输的混凝土
    D. 喷射混凝土
    E. 冬期施工工程

94. 防水混凝土可通过( )的方法提高混凝土的抗渗性能。
    A. 掺入外加剂
    B. 采用膨胀水泥
    C. 采用较小的水胶比
    D. 采用较高的水泥用量和砂率
    E. 加强养护

95. 普通混凝土配合比设计的基本要求是( )。
    A. 达到混凝土强度等级
    B. 满足施工的和易性
    C. 满足耐久性要求
    D. 掺入外加剂、外掺料
    E. 节约水泥,降低成本

96. 轻集料混凝土与普通混凝土相比,( )。
    A. 表观密度小
    B. 强度高
    C. 弹性模量小
    D. 保温性好
    E. 和易性好

97. 某工地施工员拟采用下列措施提高混凝土的流动性,其中可行的措施是( )。
    A. 加氯化钙
    B. 加减水剂
    C. 保持水胶比不变,适当增加水泥浆数量
    D. 多加水
    E. 调整砂率

98. 为了提高混凝土的耐久性,可采取的措施是( )。

A. 改善施工操作，保证施工质量　　B. 合理选择水泥品种
C. 控制水胶比　　D. 增加砂率
E. 掺入引气型减水剂

99. 按坍落度的大小，将混凝土拌合物分为(　　)。
   A. 低塑性混凝土　　B. 塑性混凝土
   C. 流动性混凝土　　D. 大流动性混凝土
   E. 普通混凝土

100. 混凝土拌合物的工作性选择可依据(　　)确定。
   A. 工程结构物的断面尺寸　　B. 钢筋配置的疏密程度
   C. 捣实的机械类型　　D. 施工方法和施工水平

101. 集料中有害杂质包括(　　)。
   A. 含泥量和泥块含量　　B. 硫化物和硫酸盐含量
   C. 轻物质含量　　D. 云母含量

五、简答题

1. 混凝土的质量在哪四个方面有要求？

2. 配制高强混凝土宜采用碎石还是卵石？为什么？

3. 水泥水化热对大体积混凝土工程有何危害？有哪些预防措施？

4. 石子最大粒径的确定原则是什么？

5. 粗、细集料的含水有哪几种状态？

6. 混凝土配合比设计的基本要求有哪些？设计方法有哪几种？写出表达式。

7. 混凝土中，集料级配良好的标准是什么？

8. 为什么不宜用高强度等级水泥配制低强度等级的混凝土？为什么也不宜用低强度等级水泥配制高强度等级的混凝土？

9. 混凝土的流动性如何表示？工程上如何选择流动性的大小？

10. 现场浇灌混凝土时严禁施工人员随意向混凝土拌合物中加水。请分析随意加水对混凝土质量的危害。

11. 某混凝土搅拌站原使用砂的细度模数为 2.5，后改用细度模数为 2.1 的砂。改砂后原混凝土配合比不变，发觉混凝土坍落度明显变小。请分析原因。

12. 普通混凝土由哪些材料组成？它们在混凝土中各起什么作用？

13. 影响混凝土强度的主要因素有哪些？

14. 什么是混凝土的和易性？和易性包括哪几个方面？影响和易性的因素有哪些？

15. 简述引气剂加入混凝土所起的作用。

16. 混凝土采用减水剂可取得哪些经济技术效果？

17. 简述混凝土初步配合比的设计步骤。

18. 混凝土的碳化是如何发生的？碳化对钢筋混凝土的性能有何影响？

19. 混凝土发生碱-集料反应的必要条件是什么？如何防止？

六、计算题

1. 已确定混凝土的初步配合比，取 15 L 进行试配。水泥为 4.6 kg，砂为 9.9 kg，石子为 19 kg，水为 2.7 kg，经测定和易性合格。此时实测的混凝土表观密度为 2 450 kg/m³，试计算该混凝土的配合比（基准配合比）。假定上述配合比可以作为试验室配合比，如施工现场砂的含水率为 4%，石子的含水率为 1%，求施工配合比。

2. 已知设计要求的混凝土强度等级为 C20，水泥用量为 280 kg/m³，水的用量为 195 kg/m³，水泥强度等级为 42.5，强度富余系数为 1.13；石子为碎石，材料系数 $A=0.46$，$B=0.07$。试用水胶比公式计算校核。按上述条件施工作业，混凝土强度是否有保证？为什么？（$\sigma=5.0$ MPa）

3. 设计要求的混凝土强度等级为 C20,要求强度保证率 $P=95\%$。当强度标准差 $\sigma=5.5$ MPa 时,混凝土配制强度应为多少?若提高施工质量管理水平,$\sigma=3.0$ MPa 时,混凝土配制强度又为多少?若采用 42.5 级水泥,卵石,用水量 180 L,则混凝土标准差从 5.5 MPa 降至 3.0 MPa 时,每立方米混凝土可节约多少水泥?($\gamma_c=1.13$;$\alpha_a=0.48$;$\alpha_b=0.33$)

4. 某混凝土的试验室配合比为 1∶2.1∶4.3(水泥∶砂∶石子),$W/C=0.54$。已知水泥密度为 3.1 g/cm³,砂、石子的视密度分别为 2.70 g/cm³ 和 2.65 g/cm³。试计算 1 m³ 混凝土中各项材料用量(不含引气剂)。

5. 某大桥混凝土设计强度等级为 C40,强度标准差为 6.0 MPa,用 52.5 级硅酸盐水泥,实测 28 d 的抗压强度为 58.5 MPa,已知水泥密度 $\rho_c=3.10$ g/cm³;中砂,砂子表观密度 $\rho_{os}=3.10$ g/cm³;碎石,石子表观密度 $\rho_{og}=2.78$ g/cm³;自来水。已知:$A=0.46$,$B=0.07$,单位用水量为 195 kg/m³,砂率 $S_p=0.32$,含气量百分数为 1。试计算该混凝土的初步配合比。(W/C 最大水胶比为 0.60,水泥最小用量为 280 kg/m³)

6. 某单位采用 52.5 级普通硅酸盐水泥(实测强度为 54 MPa)及碎石配制混凝土,试验室配合比为:水泥 336 kg、水 185 kg、砂 660 kg、石子 1 248 kg。该混凝土能否满足 C30($\sigma=5.0$ MPa)的要求?($A=0.46$,$B=0.07$)

7. 已知混凝土的水胶比为0.5，每立方米混凝土的用水量为180 kg，砂率为33%。假定混凝土的表观密度为2 400 kg/m³，试计算1 m³混凝土的各项材料用量。

8. 某工地混凝土的施工配合比为水泥308 kg，水128 kg，砂700 kg，碎石1 260 kg。已知工地砂的含水率为4.2%，碎石含水率为1.6%，试计算混凝土实验室配合比。

9. 已知每拌制1 m³混凝土需要干砂606 kg，水180 kg，经实验室配合比调整计算后，砂率宜为0.34，水胶比宜为0.6。测得施工现场砂的含水率为7%，石子的含水率为3%，试计算施工配合比。若该混凝土是用42.5等级的普通水泥（富余系数1.10）和碎石配制而成，如果不进行施工配合比换算，直接把实验室配合比在现场使用，则对混凝土强度将产生多大影响？（$A=0.46, B=0.07$）

10. 某一试拌的混凝土混合料，设计水胶比为0.5，拌制后的表观密度为2 410 kg/m³，采用0.34的砂率，1 m³混凝土混合料用水泥290 kg，试求1 m³混凝土混合料其他材料用量。

11. 某一混凝土工程需配制强度等级为C25的混凝土。初步确定用水量为190 kg，砂率为0.32，水泥为42.5级普通水泥，密度为3.1 g/cm³；砂、石的表观密度分别为2.60 g/cm³、2.65 g/cm³。试计算该混凝土的初步配合比。（假定含气量 $\alpha=1\%$，标准差 $\sigma=5.0$ MPa，强度公式中系数 $A=0.46$，$B=0.07$，水泥富余系数 $K=1.13$）

12. 已知砂筛分后的各筛孔分计筛余分别为 $a_1=5\%$，$a_2=7\%$，$a_3=18\%$，$a_4=30\%$，$a_5=23\%$，$a_6=14\%$，试确定此砂的粗细程度。

13. 某一试拌的混凝土混合料，设计水胶比为0.5，拌制后的表观密度为 2 410 kg/m³，采用0.34的砂率，1 m³ 混凝土混合料用水泥290 kg，试求 1 m³ 混凝土混合料中其他材料用量。

14. 某工程用碎石和42.5级普通水泥配制C40混凝土，水泥强度等级富余系数为1.10，混凝土强度标准差为4.0 MPa，求水胶比。若改用52.5级水泥，水泥强度等级富余系数同样为1.10，水胶比变为多少？（$A=0.46$，$B=0.07$）

15. 某非引气型混凝土经试拌调整后，得配合比为 1 : 1.80 : 3.40，W/C=0.55，已知 ρ_c=3.05 g/cm³，ρ_s=2.61 g/cm³，ρ_g=2.70 g/cm³。试计算 1 m³ 混凝土各材料用量。

16. 某寒冷地区修建钢筋混凝土蓄水池，要求混凝土设计强度等级为 C25，强度保证率 P=95%，概率度 t=1.645，施工采用机拌机捣，要求拌合物坍落度为 10～30 mm。施工单位统计的混凝土强度标准差 δ=3.0 MPa。今采用 42.5 级普通水泥（水泥实际强度为 48 MPa）、5～40 mm 的卵石和级配合格的中砂来配制混凝土，每立方米混凝土的用水量为 160 kg。要求混凝土的最大水胶比为 0.55，最小水泥用量为 300 kg。要满足该混凝土强度和耐久性要求，其水胶比和水泥用量应取多大？（A=0.48，B=0.33）

17. 某工地采用 52.5 级普通水泥和卵石配制混凝土。其施工配合比为：水泥 300 kg，砂 696 kg，卵石 1 260 kg，水 129 kg。已知现场砂的含水率为 3.5%，卵石含水率为 1%，试问该混凝土能否满足 C30 强度等级要求（假定 σ=5.0）？（γ_c=1.13，A=0.48，B=0.33）

18. 尺寸为 100 mm×100 mm×100 mm 的某组混凝土试件，龄期 28 d 测得破坏荷载分别为 560 kN、600 kN、584 kN，试计算该组试件的混凝土立方体抗压强度。如果已知该混凝土是用 52.5 级的普通水泥（富余系数 1.10）和碎石配制而成，试估算所用水胶比。（A=0.46，B=0.07）

第 5 章 砂 浆

一、名词解释

1. 砌筑砂浆
2. 砂浆的保水性
3. 混合砂浆
4. 砂浆强度等级
5. 抹面砂浆

二、判断题

1. 砌筑砂浆可视为无粗集料的混凝土，无论其底面是否吸水，影响其强度的主要因素应与混凝土的基本相同，即水泥强度和水胶比。（　　）
2. 石灰砂浆宜用于砌体强度要求不高和处于干燥环境中的砌体。（　　）
3. 砂浆的和易性包括流动性、黏聚性和保水性。（　　）
4. 砂浆的强度以边长 70.7 mm 的立方体试块养护 28 d 的抗压强度平均值表示。（　　）
5. 配制砌筑砂浆和抹面砂浆应选用中砂，不宜用粗砂。（　　）
6. 影响砌筑砂浆流动性的因素，主要是用水量、水泥用量、级配及粒形等，与砂子的粗细程度无关。（　　）
7. 当原材料一定、胶凝材料与砂子的比例一定时，砂浆的流动性主要取决于单位用水量。（　　）
8. 砂浆的流动性指标是稠度。（　　）
9. 砂浆的稠度越大，分层度越小，则表明砂浆的和易性越好。（　　）
10. 设计砂浆配合比时，所用砂是以干燥状态为基准的。（　　）
11. 抹面砂浆的抗裂性能比强度更重要。（　　）
12. 石灰砌筑砂浆适合于砌筑干燥环境的建筑物。（　　）
13. 拌制抹面砂浆时，为保证足够的粘结性能，应尽量增大水泥用量。（　　）
14. 干燥收缩对抹面砂浆的使用效果和耐久性影响最大。（　　）
15. 重要建筑物和地下结构，可选用石灰砌筑砂浆，但砂浆的强度必须满足一定的要求。（　　）
16. 砌筑砂浆的作用是将砌体材料粘结起来，因此它的主要性能指标是粘结抗拉强度。（　　）
17. 为了便于铺筑和保证砌体的质量，新拌砂浆应具有一定的流动性和良好的保水

性。（   ）

18. 用于多孔吸水基面的砂浆，其强度大小主要取决于水泥强度等级和水泥用量，而与水胶比大小无关。（   ）

三、填空题

1. 建筑砂浆按其用途可分为_____和_____两类。
2. 砂浆的和易性包括_____和_____。
3. 砌筑砂浆中掺入石灰膏而制得混合砂浆，其目的是_____。
4. 建筑砂浆和混凝土在组成上的差别仅在于_____。
5. 砂浆流动性的指标是_____，其单位是_____；砂浆保水性的指标是_____，其单位是_____。
6. 砂浆流动性的选择，应根据_____、_____和_____等来决定。夏天砌筑砖砌体时，砂浆的流动性应选得_____些，砌筑毛石柱时，砂浆的流动性要选得_____些。
7. 保水性好的砂浆，其分层度应为_____，分层度为零的砂浆，保水性_____，但易发生_____。
8. 抹面砂浆主要考虑的性能指标是_____和_____。
9. 为了改善砂浆的和易性和节约水泥，常常在砂浆中掺入适量的_____、_____制成混合砂浆。
10. 影响砂浆粘结力的主要因素有_____、_____、_____情况。
11. 红砖在用水泥砂浆砌筑前，一定要浇水湿润，其目的是_____。
12. 防水砂浆通常是在水泥砂浆中掺入_____而制成，其中水泥强度不低于_____，采用_____砂，水胶比控制在_____。

四、选择题

1. 用于不吸水底面的砂浆，其强度主要取决于(   )。
   A. 水胶比、水泥强度   B. 水泥用量、水泥强度
   C. 水泥用量、砂用量   D. 水泥用量、水胶比
2. 有防水、防潮要求的抹灰砂浆，宜选用(   )。
   A. 石灰砂浆   B. 水泥砂浆
   C. 混合砂浆   D. 石膏砂浆
3. 砌筑砂浆宜采用(   )强度等级的水泥。
   A. 低   B. 中、低
   C. 中、高   D. 高
4. 对于毛石砌体所用的砂，最大粒径不大于砂浆厚度的(   )。
   A. 1/4～1/3   B. 1/5～1/4   C. 1/6～1/5   D. 1/7～1/6
5. 水泥砂浆的分层度不应大于(   )mm。
   A. 0   B. 20   C. 30   D. 50

6. 砂浆强度试件的标准尺寸为( )。
   A. 40 mm³×40 mm³×160 mm³   B. 150 mm³×150 mm³×150 mm³
   C. 70.7 mm³×70.7 mm³×70.7 mm³   D. 100 mm³×100 mm³×100 mm³
7. 砌砖用砂浆的强度与水胶比( )。
   A. 成正比   B. 成反比   C. 无关   D. 不能确定
8. 抹面砂浆通常分( )层涂抹。
   A. 1~2   B. 2~3   C. 3~4   D. 4~5
9. 抹面砂浆底层主要起( )作用。
   A. 粘结   B. 找平   C. 装饰与保护   D. 修复
10. 潮湿房间或地下建筑宜选择( )。
    A. 水泥砂浆   B. 混合砂浆   C. 石灰砂浆   D. 石膏砂浆
11. 建筑地面砂浆面层宜采用( )。
    A. 水泥砂浆   B. 混合砂浆   C. 石灰砂浆   D. 石膏砂浆
12. 砂浆的粘结力与( )无关。
    A. 基面粗糙程度 B. 基面清洁程度 C. 基面湿润程度 D. 基面强度
13. 在抹面砂浆中掺入纤维材料可以改善砂浆的( )。
    A. 抗压强度   B. 抗拉强度   C. 保水性   D. 分层度
14. 用于重要结构的砂浆宜选用( )砂浆。
    A. 石灰   B. 水泥   C. 混合   D. 石膏
15. 砌筑砂浆不需测定( )。
    A. 抗压强度   B. 稠度   C. 坍落度   D. 分层度
16. 建筑砂浆常以( )作为砂浆的最主要的技术性能指标。
    A. 抗压强度   B. 粘结强度   C. 抗拉强度   D. 耐久性
17. 抹面砂浆分两层施工,各层抹灰要求不同,下列叙述中( )不正确。
    A. 用于易受碰撞或潮湿的地方,应采用混合砂浆
    B. 面层抹灰多用石灰砂浆
    C. 混凝土底层抹灰多用混合砂浆
    D. 用于砖底层抹灰,多用石灰砂浆
18. 砌筑砂浆采用( )较好。
    A. 细砂   B. 中砂   C. 粗砂   D. 都一样
19. 一般配制砌筑砂浆所用水泥的强度应是砂浆强度的( )倍。
    A. 1~2   B. 2~3   C. 3~4   D. 4~5
20. 对于砖、多孔混凝土或其他多孔材料用砂浆,其强度主要取决于( )。
    A. 水胶比   B. 单位用水量   C. 水泥强度   D. 水泥用量
21. 下列情况中,要求砂浆流动性大一些的是( )。
    A. 砌砖   B. 砌石   C. 机械施工   D. 手工操作
    E. 干热气候
22. 砂浆与砖的粘结力与( )有关。
    A. 水泥强度   B. 水胶比   C. 砖润湿情况   D. 水泥用量
    E. 砖面的清洁程度

23. 普通抹灰砂浆的主要性能要求是（　　）。
     A. 具有良好的和易性　　　　　　　B. 强度高
     C. 有较高的与底面粘结力　　　　　D. 保温性能
     E. 吸声性能
24. 对于砌筑砂浆，下列叙述错误的是（　　）。
     A. 砂浆的强度等级以边长为 150 mm 的立方体试块在标准养护条件下养护 28 d 的抗压强度平均值确定
     B. 砂浆抗压强度越高，它与基层的粘结力越大
     C. 水泥砂浆配合比中，砂浆的试配强度按 $f_{mo}=f_m+1.645\sigma$ 计算
     D. 砌筑在多孔吸水底面的砂浆，其强度大小与水胶比有关
     E. 砂浆配合比设计中水泥的用量不得低于 200 kg/m³
25. 抹灰砂浆对建筑物起到（　　）作用。
     A. 保护　　　　B. 增加耐久性　　　　C. 表面平整　　　　D. 光洁美观

五、简答题

1. 新拌砂浆的和易性包括哪两个方面含义？如何测定？

2. 砌筑砂浆有哪些技术要求？

3. 普通抹面砂浆的主要性能要求是什么？不同部位应采用何种抹面砂浆？

第 6 章　墙体材料

一、填空题

1. 烧结普通砖的尺寸为_____，1 m³ 砌体标准砖的块数是_____。
2. 烧结多孔砖的孔特点是_____，适用于_____墙。
3. 烧结空心砖的孔特点是_____，适用于_____墙。
4. 灰砂砖不适用的环境为_____。
5. 粉煤灰砌块的主要尺寸有_____和_____两种。
6. 泰柏墙板是由_____和_____组成的。
7. 建筑用轻质隔墙条板按构造分为_____、_____和_____。
8. 石膏砌块的特点是_____。
9. 复合墙板一般由_____层、_____层和_____层组成。

二、简答题

1. 为什么黏土砖要禁止使用？

2. 烧结多孔砖、空心砖相对黏土砖有什么优势？

3. 砌块相对砖有什么优势？

4. 砖有哪些常用种类？

5. 砌块有哪些常用种类？

6. 墙板有哪些常用种类？

三、实训

现阶段国家推广使用的新型墙体材料有哪些？调查当地工程中使用的墙体材料。

第 7 章 建筑钢材

一、名词解释

1. 屈强比
2. 时效
3. 冷加工
4. 时效敏感性
5. 钢材的屈服强度
6. 钢材的抗拉强度
7. 钢材的低温冷脆性
8. 钢材的脆性临界温度
9. 钢材的疲劳破坏

二、判断题

1. 钢材的屈强比越大，其结构的安全可靠性越高。（   ）
2. 对于同一钢材，其 δ_5 大于 δ_{10}。（   ）
3. 适当提高含碳量，有利于提高钢材的机械性能。（   ）
4. 钢材的冷弯性能，（$\alpha=90°$，$a=2d$）优于（$\alpha=90°$，$a=3d$）。（   ）
5. 钢材的伸长率表明钢材的塑性变形能力，伸长率越大，钢材的塑性越好。（   ）
6. 钢材冷拉是指在常温下将钢材拉断，以伸长率作为性能指标。（   ）
7. 钢材在焊接时产生裂纹，其原因之一是钢材中含磷较高。（   ）
8. 钢材的腐蚀主要是化学腐蚀，其结果是钢材表面生成氧化铁等而失去金属光泽。（   ）

三、选择题

1. 钢材按（   ）划分为沸腾钢和镇静钢。
   A. 化学成分　　　B. 冶炼炉型　　　C. 用途　　　D. 脱氧程度
   E. 质量
2. 低碳钢拉伸过程中应力-应变曲线的第二阶段是（   ）。
   A. 颈缩阶段　　　B. 强化阶段　　　C. 屈服阶段　　　D. 弹性阶段
3. （   ）作为钢材设计强度取值依据。
   A. 屈服强度　　　B. 极限强度　　　C. 弹性极限　　　D. 比例极限

4. 同种钢材，伸长率 δ_{10}（　　）δ_5。
   A. 大于　　　　　　B. 等于　　　　　　C. 小于　　　　　　D. 不能确定

5. 从"安全第一"的角度考虑，钢材的屈强比宜选择（　　）。
   A. 较大值　　　　　B. 中间值　　　　　C. 较小值　　　　　D. 不能确定

6. 对于承受动荷载作用的结构用钢，应选择（　　）的钢材。
   A. 屈服强度高　　　B. 冲击韧性好　　　C. 冷弯性能好　　　D. 焊接性能好

7. 最能揭示钢材内在质量的性能是（　　）。
   A. 拉伸性能　　　　B. 抗冲击性能　　　C. 冷弯性能　　　　D. 抗疲劳性能

8. 冷弯指标（$\alpha=180°$，$a=2d$）（　　）（$\alpha=180°$，$a=3d$）。
   A. 大于　　　　　　B. 等于　　　　　　C. 小于　　　　　　D. 不能确定

9. 磷会增大钢材的（　　）。
   A. 热脆性　　　　　B. 冷脆性　　　　　C. 强度　　　　　　D. 硬度

10. 硫会增大钢材的（　　）。
    A. 热脆性　　　　B. 冷脆性　　　　C. 强度　　　　　D. 硬度

11. 建筑工程中应用最广泛的碳素结构钢是（　　）。
    A. Q215　　　　　B. Q235　　　　　C. Q255　　　　　D. Q275

12. 钢筋若冷拉至控制应力而未达到控制冷拉率，则该钢筋应（　　）。
    A. 属合格品　　　B. 属不合格品　　C. 降级使用　　　D. 以废品论

13. （　　）是钢材最主要的锈蚀形式。
    A. 化学锈蚀　　　B. 电化学锈蚀　　C. 水化反应　　　D. 氧化反应

四、简答题

1. 工地上使用钢筋时，常要进行冷拉和时效处理，为什么？

2. 牌号 Q235—A·F 表示什么钢材？简述常用热轧钢筋的强度等级与应用。

五、论述题

作图说明低碳钢的拉伸性能。

第8章　防水材料

一、名词解释

1. 石油沥青
2. 沥青的温度敏感性
3. 沥青的塑性
4. 建筑防水油膏

二、判断题

1. 石油沥青的主要组分有油分、树脂和地沥青质三种，它们随着温度的变化而逐渐递变。（　　）
2. 在石油沥青中，当油分含量减少时，黏滞性增大。（　　）
3. 针入度反映了石油沥青抵抗剪切变形的能力，针入度值越大，表明沥青黏度越小。（　　）
4. 石油沥青的牌号越高，其温度稳定性越大。（　　）
5. 建筑石油沥青黏性较大，耐热性较好，但塑性较小，因而主要用于制造防水卷材、防水涂料和沥青胶。（　　）

三、选择题

1. 沥青的黏性用（　　）表示。
   A. 针入度　　　　　　　　　　B. 延伸度
   C. 软化点　　　　　　　　　　D. 溶解度
2. （　　）是沥青的安全施工指标。
   A. 软化点　　　　　　　　　　B. 水分
   C. 闪燃点　　　　　　　　　　D. 溶解度
3. 划分石油沥青牌号的主要指标是（　　）。
   A. 针入度　　B. 黏滞度　　C. 延伸度　　D. 软化点
4. 一般屋面用沥青材料的软化点应比本地区屋面最高气温高出（　　）℃以上。
   A. 10　　　　B. 20　　　　C. 30　　　　D. 50
5. 同产源、不同品种的沥青（　　）进行掺配。
   A. 可以　　　　　　　　　　　B. 不可以
   C. 不清楚　　　　　　　　　　D. 视具体情况而定

6. 随着时间的延长，石油沥青中三大组分逐渐递变的顺序是(　　)。
   A. 油分→树脂→地沥青质　　　　　　B. 树脂→油分→地沥青质
   C. 油分→地沥青质→树脂　　　　　　D. 树脂→地沥青质→油分
7. 石油沥青的三大技术指标是(　　)。
   A. 流动性、黏聚性和保水性　　　　　B. 流动性、塑性和强度
   C. 黏性、塑性和强度　　　　　　　　D. 黏性、塑性和温度敏感性
8. (　　)不是沥青的组分。
   A. 油分　　　　B. 灰分　　　　C. 树脂　　　　D. 地沥青质
9. 针入度是用来表征(　　)的指标。
   A. 混凝土　　　B. 砂浆　　　　C. 沥青　　　　D. 橡胶

四、简答题

1. 石油沥青的组分主要有哪几种？各有何作用？

2. 在粘贴防水卷材时，一般均采用沥青胶而不是沥青，这是为什么？

3. 常用防水材料有哪些种类？

4. 什么是防水涂料？有何特点？

5. 试述采用矿物填充料对沥青进行改性的机理。

五、实训

1. 题目：防水卷材的应用调查。

2. 调查方法。

(1) 查阅资料：上网搜索是最简单、便捷的方法，可以得到海量的信息。主要收集有关生产厂家情况、市场行情、发展现状与趋势、主要品牌、主要品种等信息。

(2) 建材市场调查：到建材市场调查实习，这样能直接接触到各种产品实物，对材料有直观的认识，对材料外观、质量能进行比较，可以获得材料品牌、价格、市场行情的第一手资料。

(3) 问询调查：到施工现场咨询专家或访问工程人员，电话咨询生产单位，可掌握材料的应用情况、实际质量的优劣、应用范围等。

3. 调查结果。

1. 建材市场上防水卷材品种

2. 防水卷材在本地工程中的应用情况

3. 防水卷材的主要生产厂家、品牌、价格

第9章　建筑功能材料

一、名词解释

1. 绝热材料
2. 吸声材料
3. 装饰材料
4. 涂料
5. 安全玻璃
6. 墙地砖

二、填空题

1. 绝热材料按化学成分可分为_____和_____两大类；按材料的构造可分为_____、_____和_____三种。
2. 影响材料导热性的主要因素包括_____、_____、_____、_____。
3. 衡量材料吸声性能的重要指标是_____。材料的开口连通孔隙越多、越细小，吸声效果_____；厚度加大，可_____吸声效果。

三、选择题

1. 塑料的主要性质取决于所采用的(　　)。
   A. 合成树脂　　　　　　　　B. 填充料
   C. 改性剂　　　　　　　　　D. 增塑剂
2. 由不饱和双键的化合物单体以共价键结合而成的聚合物称为(　　)。
   A. 聚合树脂　　　　　　　　B. 缩合树脂
   C. 热固性树脂　　　　　　　D. 热塑性树脂
3. 能多次加热注塑成型的树脂称为(　　)。
   A. 热固性树脂　　　　　　　B. 热塑性树脂
   C. 聚合物树脂　　　　　　　D. 缩合物树脂
4. 下列树脂中，(　　)不属于热塑性树脂。
   A. 聚乙烯　　　　B. 聚氯乙烯　　　　C. 聚丙烯　　　　D. 聚氨酯
   E. 聚苯乙烯　　　F. ABS

5. 下列树脂中，（　　）不属于热固性树脂。
  A. 酚醛　　　　　　　　　　　　B. 环氧
  C. 不饱和聚酯　　　　　　　　　D. ABS
  E. 聚氨酯　　　　　　　　　　　F. 有机硅
6. 装饰材料的装饰效果取决于（　　）。
  A. 质感、线型、色彩　　　　　　B. 质感、线型、透明性
  C. 线型、色彩、光泽　　　　　　D. 光泽、透明性、颜色
7. 大量吸收红外线辐射的节能玻璃是（　　）。
  A. 夹层玻璃　　　　　　　　　　B. 吸热玻璃
  C. 中空玻璃　　　　　　　　　　D. 热反射玻璃
8. 以下玻璃属于安全玻璃的是（　　）。
  A. 夹层玻璃　　　　　　　　　　B. 浮法玻璃
  C. 中空玻璃　　　　　　　　　　D. 磨砂玻璃
9. 涂料中能单独成膜、决定涂料性能的是（　　）。
  A. 颜料和填料　　　　　　　　　B. 主要成膜物质
  C. 有机溶剂　　　　　　　　　　D. 增塑剂
10. 釉面砖又称为内墙面砖，不能用于（　　）。
  A. 浴室、卫生间的内墙面　　　　B. 试验室工作台面
  C. 厨房的内墙面　　　　　　　　D. 建筑物外墙面
11. 地毯常用的原材料不包括（　　）。
  A. 羊毛　　　　　　　　　　　　B. 天然棉麻
  C. 尼龙　　　　　　　　　　　　D. 玻璃纤维
12. 不属于建筑陶瓷的是（　　）。
  A. 釉面砖　　　　　　　　　　　B. 墙地砖
  C. 陶瓷马赛克　　　　　　　　　D. 玻璃马赛克

四、判断题

1. 材料的颜色取决于三个方面：材料光谱的反射、射于材料上的光谱组成、观看者眼睛的光谱敏感性。（　　）
2. 玻璃纤维可纺织加工成各种布料、带料或织成印花墙布。（　　）
3. 陶瓷制品可分为陶质、瓷质和炻质三大类。（　　）
4. 磨砂玻璃具有透光、透视，使室内光线不眩目、不刺眼的特点。（　　）
5. 镜面反射是产生光泽的重要因素。（　　）
6. 天然油漆和涂料是同一概念，历史上通称为油漆。（　　）
7. 外墙装饰的目的只是保护墙体材料不受破坏。（　　）
8. 厨房、卫生间应有清洁、卫生气氛，宜采用白色瓷砖或壁纸装饰。（　　）
9. 装饰涂料主要施工工序一般分为基层处理、涂刷两道工序。（　　）

五、简答题

1. 试述塑料的优缺点。

2. 建筑常用的胶粘剂主要分几类？有哪些品种？

3. 釉面砖为什么不宜用于室外？

4. 建筑装饰中怎样选用涂料?

5. 什么是纤维类装饰材料？有什么特点?

6. 简述建筑装饰材料的特征。

7. 简述建筑装饰材料的功能。

六、实训

1. 题目：墙用瓷砖的应用调查。
2. 调查方法。

(1)查阅资料：上网搜索是最简单、便捷的方法，可以得到海量信息。主要收集有关生产厂家情况和市场行情，发展现状与趋势，主要品牌、品种等信息。

(2)建材市场调查：到建材市场调查实习，这样能直接接触到各种产品实物，对材料有直观的认识，对材料外观、质量能进行比较，可以获得材料品牌、价格、市场行情的第一手资料。

(3)问询调查：到施工现场咨询专家或访问工程人员，电话咨询生产单位，可掌握材料的应用情况，实际质量的优劣、应用范围等。

3. 调查结果。

1. 建材市场上墙用瓷砖品种

2. 墙用瓷砖在本地工程中的应用情况

3. 墙用瓷砖的主要生产厂家、品牌、价格

第二部分

复习测试

复习测试题一

一、判断题

1. 含水率为 4% 的湿砂重 100 g，其中水的质量为 4 g。（　　）
2. 材料的孔隙率相同时，连通粗孔者比封闭微孔者的导热系数大。（　　）
3. 同一种材料，其表观密度越大，则其孔隙率越大。（　　）
4. 吸水率小的材料，其孔隙率也小。（　　）
5. 材料的抗冻性与材料的孔隙率有关，与孔隙中的水饱和程度无关。（　　）
6. 在进行材料抗压强度试验时，大试件较小试件的试验结果值偏小。（　　）
7. 材料在进行强度试验时，加荷速度快者较加荷速度慢者的试验结果值偏小。（　　）

二、填空题

1. 材料的吸水性用＿＿＿＿表示，吸湿性用＿＿＿＿表示。
2. 材料耐水性的强弱可以用＿＿＿＿表示。材料耐水性越好，该值越＿＿＿＿。
3. 同种材料的孔隙率越＿＿＿＿，材料的强度越高；当材料的孔隙率一定时，＿＿＿＿孔隙越多，材料的绝热性越好。
4. 当材料的孔隙率增大时，其密度＿＿＿＿，表观密度＿＿＿＿，强度＿＿＿＿，吸水率＿＿＿＿，抗渗性＿＿＿＿，抗冻性＿＿＿＿。

三、选择题

1. 普通混凝土标准试件经 28 d 标准养护后测得抗压强度为 22.6 MPa，同时测得同批混凝土水饱和后的抗压强度为 21.5 MPa，干燥状态测得抗压强度为 24.5 MPa，该混凝土的软化系数为（　　）。
   A. 0.96　　　　B. 0.92　　　　C. 0.13　　　　D. 0.88
2. 材料的抗渗性是指材料抵抗（　　）渗透的性质。
   A. 水　　　　B. 潮气　　　　C. 压力水　　　　D. 饱和水
3. 材料的耐水性是指材料（　　）而不破坏，其强度也不显著降低的性质。
   A. 在水作用下　　　　　　　　B. 在压力水作用下
   C. 长期在饱和水作用下　　　　D. 长期在湿气作用下
4. 颗粒材料的密度为 ρ，表观密度为 ρ_0，堆积密度为 ρ_0'，则存在下列关系（　　）。
   A. $\rho > \rho_0 > \rho_0'$　　B. $\rho_0 > \rho > \rho_0'$　　C. $\rho_0' > \rho_0 > \rho$　　D. $\rho_0 > \rho_0' > \rho$
5. 材料吸水后，材料的（　　）将提高。
   A. 耐久性　　　　　　　　　　B. 强度及导热系数
   C. 密度　　　　　　　　　　　D. 表观密度和导热系数

复习测试题二

一、判断题

1. 气硬性胶凝材料只能在空气中硬化，而水硬性胶凝材料只能在水中硬化。（   ）
2. 生石灰熟化时，石灰浆流入储灰池中需要"陈伏"两周以上，其主要目的是制得和易性很好的石灰膏，以保证施工质量。（   ）
3. 生石灰在空气中受潮消解为消石灰，并不影响使用。（   ）
4. 建筑石膏最突出的技术性质是凝结硬化慢，并且在硬化时体积略有膨胀。（   ）
5. 建筑石膏板强度高，在装修时可用于潮湿环境。（   ）
6. 水玻璃硬化后耐水性好，因此可以涂刷在石膏制品的表面，以提高石膏制品的耐久性。（   ）

二、填空题

1. 建筑石膏硬化后_____大、_____较低，建筑石膏硬化体的吸声性_____、隔热性_____、耐水性_____。由于建筑石膏硬化后的主要成分为_____，在遇火时，制品表面形成_____，有效地阻止了火的蔓延，因而其_____好。
2. 石灰熟化时释放出大量_____，体积发生显著_____，石灰硬化时放出大量_____，体积产生明显_____。
3. 当石灰已经硬化后，其中的过火石灰才开始熟化，体积_____，引起_____。

复习测试题三

一、判断题

1. 用沸煮法可以全面检验硅酸盐水泥的体积安定性是否良好。（   ）
2. 活性混合材料掺入石灰和石膏即成水泥。（   ）
3. 水泥石中的 $Ca(OH)_2$ 与含碱高的集料反应，就是碱-集料反应。（   ）

二、填空题

1. 活性混合材料主要活性成分为_____。

2. 引起硅酸盐水泥腐蚀的基本内因是水泥石中存在_____、_____，以及_____。

3. 硅酸盐水泥水化产物有_____和_____体，一般认为它们对水泥石强度及其主要性能起支配作用。

三、单项选择题

1. 硅酸盐水泥熟料中对强度贡献最大的是（　　）。
   A. C_3A　　　　B. C_3S　　　　C. C_4AF　　　　D. 石膏
2. 为了调节硅酸盐水泥的凝结时间，常掺入适量的（　　）。
   A. 石灰　　　　B. 石膏　　　　C. 粉煤灰　　　　D. MgO

四、多项选择题

1. 影响硅酸盐水泥强度的主要因素包括（　　）。
   A. 熟料组成　　B. 水泥细度　　C. 储存时间　　D. 养护条件
   E. 龄期
2. 硅酸盐水泥腐蚀的基本原因是（　　）。
   A. 含过多的游离 CaO　　　　　　B. 水泥石中存在 $Ca(OH)_2$
   C. 水泥石中存在水化硫铝酸钙　　D. 水泥石本身不密实
   E. 掺入石膏过多
3. 矿渣水泥适用于（　　）的混凝土工程。
   A. 抗渗性要求较高　　　　　　　B. 早期强度要求较高
   C. 大体积　　　　　　　　　　　D. 耐热
   E. 软水侵蚀

复习测试题四

一、判断题

1. 两种砂子的细度模数相同，它们的级配也一定相同。（　　）
2. 在结构尺寸及施工条件允许下，尽可能选择较大粒径的粗集料，这样可以节约水泥。（　　）
3. 影响混凝土拌合物流动性的主要因素是总用水量的多少，主要采用多加水的办法。（　　）
4. 混凝土制品采用蒸汽养护的目的是使其早期和后期强度都得到提高。（　　）
5. 在常用水胶比范围内，水胶比越小，混凝土强度越高，质量越好。（　　）
6. 在混凝土中掺入适量减水剂，不减少用水量，可改善混凝土拌合物的和易性，显著

提高混凝土的强度，并可节约水泥的用量。（　　）

7. 混凝土的强度平均值和标准差，都可以说明混凝土质量的离散程度。（　　）

二、填空题

1. 组成混凝土的原材料有_____、_____、_____、_____。水泥浆起_____、_____、_____的作用；集料起_____的作用。

2. 集料的最大粒径取决于混凝土构件的_____和_____。

3. 混凝土碳化会导致钢筋_____，使混凝土的_____及_____降低。

4. 通用的混凝土强度公式是_____；混凝土试配强度与设计强度等级之间的关系式是_____。

5. 混凝土拌合物和易性是一项综合的技术性质，它包括_____、_____和_____三个方面的含义，其中_____通常采用坍落度和维勃稠度法两种方法来测定，_____和_____则凭经验目测。

6. 确定混凝土材料的强度等级，其标准试件尺寸为_____，其标准养护温度为_____，湿度_____以上，养护_____d测定其强度值。

7. 混凝土用砂当其含泥量较大时，将对混凝土产生降低_____、_____和_____等影响。

8. 在原材料性质一定的情况下，影响混凝土拌合物和易性的主要因素是_____、_____、_____和_____。

9. 当混凝土拌合物出现黏聚性尚好，有少量泌水，坍落度太小，应在保持_____不变的情况下，适当地增加_____、_____的用量。

10. 当混凝土拌合物有流浆出现，同时坍落度锥体有崩塌松散现象时，应保持_____不变，适当增加_____、_____用量。

11. 某工地浇筑混凝土构件，原计划采用机械振捣，后因设备出了故障，改用人工振实，这时混凝土拌合物的坍落度应_____，用水量要_____，水泥用量_____，水胶比_____。

12. 混凝土的非荷载变形包括_____、_____和_____。

13. 设计混凝土配合比应同时满足_____、_____、_____和_____四项基本要求。

14. 在混凝土配合比设计中，水胶比的大小主要由_____、_____等因素决定；用水量的多少主要根据_____、_____、_____确定；砂率根据_____、_____、_____确定。

三、单项选择题

1. 配制混凝土用砂的要求是尽量采用（　　）的砂。
   A. 空隙率小　　　　　　　　　　B. 总表面积小
   C. 总表面积大　　　　　　　　　D. 空隙率和总表面积均较小

2. 混凝土配合比，选择水胶比的原则是（　　）。
　　A. 混凝土强度的要求
　　B. 小于最大水胶比
　　C. 混凝土强度的要求与最大水胶比的规定
　　D. 大于最大水胶比
3. 掺用引气剂后混凝土的（　　）显著提高。
　　A. 强度　　　　B. 抗冲击性　　　　C. 弹性模量　　　　D. 抗冻性
4. 对混凝土拌合物流动性起决定性作用的是（　　）。
　　A. 水泥用量　　B. 用水量　　　　　C. 水胶比　　　　　D. 水泥浆数量
5. 混凝土的棱柱体强度 f_{cp} 与混凝土的立方体强度 f_{cu} 两者的关系是（　　）。
　　A. $f_{cp} > f_{cu}$　　B. $f_{cp} < f_{cu}$　　C. $f_{cp} = f_{cu}$　　D. $f_{cp} \leqslant f_{cu}$
6. 选择混凝土集料的粒径和级配应使其（　　）。
　　A. 总表面积大，空隙率小　　　　　B. 总表面积大，空隙率大
　　C. 总表面积小，空隙率大　　　　　D. 总表面积小，空隙率小
7. 防止混凝土中钢筋锈蚀的主要措施是（　　）。
　　A. 钢筋表面刷油漆　　　　　　　　B. 钢筋表面用碱处理
　　C. 提高混凝土的密实度　　　　　　D. 加入阻锈剂

四、多项选择题

1. 决定混凝土强度的主要因素是（　　）。
　　A. 砂率　　　　　　　　　　　　　B. 集料的性质
　　C. 水胶比　　　　　　　　　　　　D. 外加剂
　　E. 水泥强度等级
2. 混凝土经碳化作用后，性能变化有（　　）。
　　A. 可能产生微细裂缝　　　　　　　B. 抗压强度提高
　　C. 弹性模量增大　　　　　　　　　D. 可能导致钢筋锈蚀
　　E. 抗拉强度降低
3. 混凝土的耐久性通常包括（　　）。
　　A. 抗冻性　　　　　　　　　　　　B. 抗渗性
　　C. 抗老化性　　　　　　　　　　　D. 抗侵蚀性
　　E. 抗碳化性

复习测试题五

一、判断题

1. 无论其底面是否吸水，砌筑砂浆的强度主要取决于水泥的强度及水胶比。（　　）

2. 砂浆的和易性包括流动性、黏聚性和保水性三个方面的含义。（　　）

二、填空题

1. 用于吸水底面的砂浆强度主要取决于＿＿＿＿＿与＿＿＿＿＿，而与＿＿＿＿＿没有关系。
2. 为了改善砂浆的和易性和节约水泥，常常在砂浆中掺入适量的＿＿＿＿＿、＿＿＿＿＿或＿＿＿＿＿制成混合砂浆。
3. 砂浆的和易性包括＿＿＿＿和＿＿＿＿，分别用指标＿＿＿＿和＿＿＿＿表示。
4. 测定砂浆强度的标准试件是边长为 70.7 mm 的立方体试件，在＿＿＿＿条件下养护＿＿＿＿d，测定其＿＿＿＿强度，据此确定砂浆的＿＿＿＿。
5. 砂浆流动性的选择，是根据＿＿＿＿、＿＿＿＿和＿＿＿＿等条件来决定的。夏天砌筑砖墙体时，砂浆的流动性应选得＿＿＿＿些；砌筑毛石时，砂浆的流动性要选得＿＿＿＿些。

三、单项选择题

1. 建筑物或构件表面的砂浆，可统称为（　　）。
   A. 砌筑砂浆　　　B. 抹面砂浆　　　C. 混合砂浆　　　D. 防水砂浆
2. 用于不吸水底面的砂浆强度，主要取决于（　　）。
   A. 水胶比及水泥强度　　　　　　B. 水泥用量
   C. 水泥及砂用量　　　　　　　　D. 水泥及石灰用量
3. 在抹面砂浆中掺入纤维材料可以改变砂浆的（　　）。
   A. 抗压强度　　　B. 抗拉强度　　　C. 保水性　　　D. 分层度

复习测试题六

一、判断题

1. 烧结多孔砖和烧结空心砖都具有自重较小、绝热性较好的优点，故它们均适合用来砌筑建筑物的承重内外墙。（　　）
2. 大理石和花岗石都具有抗风化性好、耐久性好的特点，故制成的板材都适用于室内外的墙面装饰。（　　）
3. 石灰爆裂就是生石灰在砖体内吸水消化时产生膨胀，导致砖发生膨胀破坏。（　　）

二、填空题

1. 烧结普通砖的标准尺寸是＿＿＿＿，100 m³ 砖砌体需要标准砖＿＿＿＿块。

2. 确定烧结普通砖和烧结多孔砖强度等级时，必须抽取_____块砖作为试样，进行_____试验，按_____、_____或_____、_____，评定砖的强度等级。

3. 按地质形成条件的不同，天然岩石可分为_____、_____和_____三大类。花岗岩属于其中的_____，大理岩属于_____。

三、单项选择题

1. 过火砖即使外观合格，也不宜用于保温墙体中，主要是因为其（　　）不理想。
   A. 强度　　　　　　　　　　　B. 耐水性
   C. 保温隔热效果　　　　　　　D. 耐火性
2. 黏土砖在砌筑墙体前一定要经过浇水润湿，其目的是（　　）。
   A. 把砖冲洗干净　　　　　　　B. 保持砌筑砂浆的稠度
   C. 增加砂浆对砖的胶结力　　　D. 增加砌筑砂浆保水能力

四、多项选择题

1. 强度和抗风化性能合格的烧结普通砖，根据（　　）分为优等品（A）、一等品（B）和合格品（C）三个质量等级。
   A. 尺寸偏差　　　　　　　　　B. 外观质量
   C. 泛霜　　　　　　　　　　　D. 石灰爆裂
   E. 抗冻性
2. 具有多孔结构，保温、隔热、隔声，主要用于非承重墙体的砌块有（　　）。
   A. 蒸压加气混凝土砌块　　　　B. 混凝土小砌块
   C. 石膏砌块　　　　　　　　　D. 粉煤灰小型空心砌块

复习测试题七

一、判断题

1. 钢材的屈强比越大，反映结构的安全性高，但钢材的有效利用率低。（　　）
2. 钢材的伸长率表明钢材的塑性变形能力，伸长率越大，钢材的塑性越好。（　　）
3. 钢材冷拉是指在常温下将钢材拉断，以伸长率作为性能指标。（　　）
4. 钢材在焊接时产生裂纹，原因之一是钢材中含磷较高。（　　）
5. 钢材的腐蚀主要是化学腐蚀，其结果是钢材表面生成氧化铁等而失去金属光泽。（　　）

二、填空题

1. 对冷加工后的钢筋进行时效处理，可用_____时效和_____时效两种方法。经冷加工时效处理后的钢筋，其_____进一步提高，_____、_____有所降低。
2. 碳素结构钢分为_____个牌号，即_____、_____、_____和_____。
3. Q235A—F钢，Q235表示_____，A表示_____，F表示_____。
4. 钢材在发生冷脆时的温度称为_____，其数值越_____，说明钢材的低温冲击性能越_____。所以在负温下使用的结构，应当选用脆性临界温度较工作温度_____的钢材。
5. 钢材的技术性质主要有两个方面，其力学性能包括_____、_____、_____、_____；工艺性能包括_____、_____。
6. 炼钢过程中，按脱氧程度不同，钢可分为_____、_____。其中_____脱氧完全，_____脱氧不完全。
7. 建筑工地或混凝土预制构件厂，对钢筋的冷加工方法有_____、_____，钢筋冷加工后_____提高，故可达到_____的目的。
8. 钢材含碳量提高时，可焊性_____；含_____、_____、_____、_____、_____元素较多时可焊性变差。
9. 低合金高强度结构钢共_____个牌号。低合金高强度结构钢的牌号由_____、_____和_____三个要素组成。
10. 根据锈蚀作用的机理，钢材的锈蚀可分为_____和_____两种。

三、单项选择题

1. 随着钢材含碳量的提高，其（　　）。
   A. 强度、硬度、塑性都提高　　　　B. 强度提高，塑性降低
   C. 强度降低，塑性提高　　　　　　D. 强度、塑性都降低
2. 吊车梁和桥梁用钢，要注意选用（　　）较大且时效敏感性小的钢材。
   A. 塑性　　　　　　　　　　　　　B. 韧性
   C. 脆性　　　　　　　　　　　　　D. 弹性

四、多项选择题

1. 低合金结构钢具有（　　）等性能。
   A. 较高的强度　　　　　　　　　　B. 较好的韧性
   C. 可焊性　　　　　　　　　　　　D. 较好的抗冲击韧性
   E. 较好的冷弯性

2. 热轧带肋钢筋进场检验时，常规检验项目主要包括（　　）。
   A. 尺寸、外形、质量及允许偏差检验　　B. 表面质量检验
   C. 拉伸性能检验　　　　　　　　　　D. 冷弯性能检验
   E. 化学成分检验

复习测试题八

一、判断题

1. 木材越密实，其表观密度和强度越大，胀缩变形越小。（　　）
2. 当木材的含水率在纤维饱和点以下时，随着含水率的增大，木材的湿胀干缩变形也随着增大。（　　）
3. 木材在湿胀干缩变形时，其弦向、纵向和径向的干缩率一样。（　　）
4. 木材的顺纹抗弯强度值比横纹的抗弯强度值大。（　　）
5. 木材含水率在纤维饱和点以上变化时，对其强度不会有影响；含水率在纤维饱和点以下时，随含水率的降低强度反而会增大。（　　）
6. 木材放置于潮湿干燥变化较大的环境时最易腐朽，长期放在水中和深埋在土中的木材反而不会腐朽。（　　）

二、填空题

1. 木材含水率在纤维饱和点以下时，其湿胀干缩大小的排列次序是_____最大，_____次之，_____最小。
2. 平衡含水率随_____和_____而变化。平衡含水率是木材_____时的重要指标。
3. 木材的腐朽为真菌侵害所致，真菌在木材中生存和繁殖必须具备_____、_____和_____三个条件。
4. 木材防腐处理有_____、_____和_____的方法。

三、单项选择题

1. 木材在进行加工使用之前，应预先将其干燥至含水达（　　）。
   A. 纤维饱和点　　B. 平衡含水率　　C. 标准含水率　　D. 绝干状态
2. 木材的木节和斜纹会降低木材的强度，其中对（　　）强度影响最大。
   A. 抗拉　　　　　B. 抗弯　　　　　C. 抗剪　　　　　D. 抗压
3. 木材在不同含水量时的强度不同，故木材强度计算时含水量是以（　　）为标准的。
   A. 纤维饱和点时含水率　　　　　　B. 平衡含水率
   C. 标准含水率　　　　　　　　　　D. 绝干状态

复习测试题九

一、判断题

1. 塑料的强度并不高,但其比强度高,远高于混凝土,接近或超过钢材,是一种轻质高强材料。( )
2. 热塑性塑料经加热成型,冷却硬化后,再经加热还具有可塑性。( )
3. 热固性塑料经加热成型,冷却固化后,即使再经加热也不会软化。( )

二、填空题

1. 在选择和使用塑料时应注意其_____、_____、_____和_____等性能指标。
2. 涂料的基本组成包括_____、_____、_____和_____。
3. 涂料按其在建筑物中使用部位的不同,可以分为_____、_____、_____、_____和_____。
4. 用于承受较大荷载的结构型胶粘剂以_____树脂为主,用于承受非较大荷载的非结构型胶粘剂以_____树脂为主。

复习测试题十

一、判断题

1. 石油沥青的主要组分有油分、树脂和地沥青质三种,它们随着温度的变化而逐渐递变。( )
2. 在石油沥青中,当油分含量减少时,黏滞性增大。( )
3. 针入度反映了石油沥青抵抗剪切变形的能力,针入度值越小,表明沥青黏度越小。( )
4. 石油沥青的牌号越高,其温度稳定性越大。( )
5. 建筑石油沥青黏性较大,耐热性较好,但塑性较小,因而主要用于制造防水卷材、防水涂料和沥青胶。( )

二、填空题

1. 石油沥青的主要组分是_____、_____和_____。

2. 石油沥青的三大技术指标是_____、_____和_____，它们分别表示沥青的_____、_____和_____。

3. 评定石油沥青黏滞性的指标是_____，评定石油沥青塑性的指标是_____，评定石油沥青温度敏感性的指标是_____。

复习测试题十一

一、判断题

1. 绝热材料和吸声材料同是多孔结构材料，绝热材料要求具有开口孔隙，吸声材料要求具有闭口孔隙。（　　）
2. 多孔结构材料，其孔隙率越大，绝热性和吸声性能越好。（　　）
3. 材料的导热系数将随温度的变化而变化。（　　）
4. 一般来说，材料的孔隙率越大，孔隙尺寸越大，且孔隙相互连通，其导热系数越大。（　　）

二、填空题

1. 一般来说，开放连通孔隙越_____越_____，材料的吸声效果越好。
2. 选择建筑物围护结构的材料时，应选用导热系数较_____、热容量较_____的材料，以保持室内适宜的温度。
3. 吸声材料和绝热材料在构造特征上都是_____材料，但两者的孔隙特征完全不同。绝热材料的孔隙特征是具有_____、_____的气孔，而吸声材料的孔隙特征则是具有_____、_____的气孔。
4. 多孔材料吸湿受潮后，其导热系数_____，其原因是材料的孔隙中有了_____。

复习测试题十二

一、填空题

1. 玻璃是热的_____导体，它的导热系数随温度升高而_____。
2. 玻璃具有较高的化学稳定性，能抵抗除_____以外的各种酸类的侵蚀。
3. 常用的安全玻璃有_____、_____和_____。

4. 中空玻璃的生产方法有_____、_____和_____。

二、简答题

1. 石灰熟化成石灰浆使用，为何要陈伏？

2. 水泥体积安定性不良的主要原因是什么？

3. 简要说明砂率对混凝土性能的影响。

4. 分析引起混凝土干缩和徐变的主要原因。

5. 外墙抹灰用石灰砂浆时,墙上有时会出现鼓泡现象,试分析原因。

6. 硅酸盐水泥熟料由哪些矿物成分组成?它们的主要水化产物是什么?

第三部分

试验实训与试验报告

实训一　水泥性能检测试验实训

一、水泥细度检测

(一)负压筛法

1. 主要仪器设备

负压筛：采用边长为 0.080 mm 的方孔铜丝筛网制成，并附有透明的筛盖，筛盖与筛口应有良好的密封性。

负压筛析仪：由筛座、负压源及收尘器组成。

天平(称量为 100 g，感量为 0.05 g)、烘箱等。

2. 试验步骤

检查负压筛析仪系统，调压至 4 000～6 000 Pa 范围内。称取过筛的水泥试样 25 g，置于洁净的负压筛，盖上筛盖并放在筛座上。启动负压筛析仪并连续筛析 2 min，在此期间如有试样黏附于筛盖，可轻轻敲击使试样落下。筛毕取下，用天平称量筛余物的质量(g)，精确至 0.1 g。

(二)水筛法

1. 主要仪器设备

水筛及筛座：水筛采用边长为 0.080 mm 的方孔铜丝筛网制成，筛框内径 125 mm，高 80 mm。

喷头：直径 55 mm，面上均匀分布 90 个孔，孔径 0.5～0.7 mm，喷头安装高度离筛网 35～75 mm 为宜。

天平(称量为 100 g，感量为 0.05 g)、烘箱等。

2. 试验步骤

调整好水筛架的位置，使其能正常运转。称取已通过 0.9 mm 方孔筛的试样 50 g，倒入水筛，立即用洁净的自来水冲至大部分细粉通过筛孔，再将筛子置于筛座上，用水压 0.03～0.07 MPa 的喷头连续冲洗 3 min。筛毕，用少量水把筛余物冲至蒸发皿，等水泥颗粒全部沉淀后，小心倒出清水。将蒸发皿在烘箱中烘至恒重，称量试样的筛余量，精确至 0.1 g。

(三)手工干筛法

1. 主要仪器设备

筛子：筛框有效直径为 150 mm、高 50 mm，方孔边长为 0.08 mm 的铜布筛。

烘箱、天平等。

2. 试验步骤

称取烘干的水泥试样 50 g 倒入干筛内，盖上筛盖，用一只手执筛往复摇动，另一只手轻轻拍打，拍打速度每分钟约 120 次，每 40 次向同一方向转动 60°，使试样均匀分布在筛网上，直至每分钟通过的试样量不超过 0.05 g 为止。

(四)试验结果计算

水泥试样筛余百分数按下式计算(精确至 0.1%)：

$$F=\frac{R_s}{W}\times100\%$$

式中　　F——水泥试样的筛余百分数(%)；

　　　　R_s——水泥筛余物的质量(g)；

　　　　W——水泥试样的质量(g)。

二、水泥标准稠度用水量试验（标准法和代用法）

(一)标准法

1. 主要仪器设备

水泥净浆搅拌机、维卡仪、天平(感量为 1 g)、人工拌合工具等。

2. 试验步骤

(1)试验前必须检查维卡仪的金属棒能否自由滑动；调整试杆使试杆接触玻璃板时指针对准标尺零点。

(2)称取 500 g 水泥试样；量取拌合水(按经验确定)，水量精确至 0.1 mL，用湿布擦抹水泥净浆搅拌机的筒壁及叶片；将拌合水倒入搅拌锅，然后在 5~10 s 内将称好的 500 g 水泥加入水中。

将搅拌锅放到搅拌机锅座上，升至搅拌位置，启动机器，低速搅拌 120 s，停拌 15 s，接着快速搅拌 120 s 后停机。

(3)拌合完毕，立即将水泥净浆一次装入试模，用小刀插捣并振实，刮去多余净浆，抹平后迅速放置在维卡仪底座上，将其中心定在试杆下，将试杆降至净浆表面，拧紧螺钉，突然放松，让试杆自由沉入净浆，在试杆停止沉入或释放试杆 30 s 时记录试杆与底板之间的距离，整个操作应在搅拌后 1.5 min 内完成。

调整用水量以试杆沉入净浆并距底板(6±1)mm 时的水泥净浆为标准稠度净浆，此拌合用水量即水泥的标准稠度用水量(按水泥质量的百分比计)。如超出范围，须另称试样，调整水量，重做试验，直至达到(6±1)mm 时为止。

(二)代用法

1. 主要仪器设备

标准稠度仪、装净浆用锥模、净浆搅拌机等。

2. 试验方法及步骤

采用代用法测定水泥标准稠度用水量可用调整用水量法和固定用水量法中任一方法

测定。

(1)试验前必须检查标准稠度仪的金属棒能否自由滑动,试锥降至锥模顶面位置时,指针应对准标尺的零点,搅拌机运转正常。

(2)水泥净浆的拌制同标准法。采用调整用水量方法时,按经验确定;采用固定用水量方法时用水量为 142.5 mL,水量精确至 0.1 mL。

(3)拌合结束后,立即将净浆一次装入锥模,用小刀插捣并轻轻振动数次,刮去多余净浆,抹平后迅速将其放到试锥下面的固定位置上,将试锥锥尖与净浆表面刚好接触,拧紧螺钉 1~2 s 后,突然放松,让试锥自由沉入净浆,在试杆停止沉入或释放试杆 30 s 时记录试锥下沉深度,整个操作过程应在搅拌后 1.5 min 内完成。

3. 试验结果的计算与确定

(1)调整用水量方法时结果的确定。以试锥下沉深度为(28±2)mm 时的净浆为标准稠度净浆,此拌合用水量即水泥的标准稠度用水量(按水泥质量的百分比计)。如超出范围,须另称试样,调整水量,重做试验,直至达到(28±2)mm 时为止。

(2)固定用水量方法时结果的确定。根据测得的试锥下沉深度 S(mm),按下面的经验公式计算标准稠度用水量 $P(\%)$:

$$P = 33.4 - 0.185S$$

当试锥下沉深度小于 13 mm 时,应采用调整用水量方法测定。

三、水泥净浆凝结时间试验

1. 主要仪器设备

凝结时间测定仪,试针和试模,净浆搅拌机等。

2. 试验步骤

(1)调整凝结时间测定仪的试针,使之接触玻璃板时,指针对准标尺的零点,将净浆试模内侧稍涂一层机油,放在玻璃板上。

(2)以标准稠度用水量,称取 500 g 水泥,按规定方法拌制标准稠度水泥浆,一次装满试模,振动数次刮平,立即放入湿气养护箱。记录水泥全部加入水中的时间作为起始时间。

(3)初凝时间的测定:试件在养护箱养护至加水 30 min 时进行第一次测定。测定时,将试模放到试针下,降低试针与水泥净浆表面刚好接触,拧紧螺钉 1~2 s 后,突然放松,试针垂直自由地沉入水泥净浆,记录试针停止下沉或释放试针 30 s 时指针的读数。在最初测定操作时应轻轻扶持金属柱,使其徐徐下降,以防试针撞弯,但结果以自由下落为准。

(4)终凝时间的测定:在完成初凝时间测定后,立即将试模连同浆体以平移的方式从玻璃板取下,翻转 180°,直径大端向上、小端向下放在玻璃板上,再放入养护箱中继续养护,临近终凝时间每隔 15 min 测定一次。更换终凝用试针,用同样测定方法,观察指针读数。

(5)临近初凝时,每隔 5 min 测定一次,临近终凝,每隔 15 min 测定一次,达到初凝或终凝时,应立即重复测一次;整个测试过程中试针沉入的位置距试模内壁大于 10 mm;每次测定不得使试针落于原针孔,每次测定完毕,须将试模放回养护箱,并将试针擦净。整个测试过程中试模不得受到振动。

3. 试验结果

从水泥全部加入水中的时间起，至试针沉至距底板(4±1)mm 时所经过的时间为初凝时间；至试针沉入试体 0.5 mm 时，即环形附件开始不能在试体上留下痕迹时所经过的时间为终凝时间。

四、水泥安定性的测定

1. 主要仪器设备

沸煮箱，雷氏夹，雷氏夹测定仪，水泥净浆搅拌机。

2. 试验步骤

(1)雷氏法。

1)每个试样须成型两个试件，每个雷氏夹须配置质量为 75~85 g 的玻璃板两块，一垫一盖，将玻璃板和雷氏夹内表面稍涂一层油。

2)将已制好的标准稠度净浆一次装满雷氏夹，装浆时一只手轻扶雷氏夹，另一只手用小刀插捣数次并抹平，盖上稍涂油的玻璃板，立即将试件移至湿气养护箱内养护(24±2)h。

3)除去玻璃板取下试件，用雷氏夹测定仪测量雷氏夹指针尖端间的距离(A)，精确至 0.5 mm，接着将试件放入沸煮箱水中的试件架上，指针朝上，再在(30±5)min 内加热至沸腾并恒沸(180±5)min。

4)沸煮结束后试件冷却至室温，取出试件，测量雷氏夹指针尖端的距离(C)，当两个试件煮后增加距离($C-A$)的平均值不大于 5.0 mm 时，该水泥安定性合格，当($C-A$)值相差超过 4.0 mm 时，应用同一样品重做试验。仍超过，可认为该水泥安定性不合格。

(2)试饼法。

1)将制好的标准稠度净浆的一部分分成两等份，使之呈球形，放在已涂过油的玻璃板上，轻轻振动玻璃板并用湿布擦过的小刀由边缘向中央抹动，做成直径 70~80 mm、中心厚约 10 mm、边缘渐薄、表面光滑的两个试饼，将试饼放入湿气养护箱内养护(24±2)h。

2)养护后，拿开玻璃板，取下试饼，在试饼无缺陷的情况下，将试饼放在沸煮箱水中箅板上，在(30±5)min 内加热至沸腾并恒沸(180±5)min。

3)沸煮结束后，取出冷却至室温的试件，目测试饼未发现裂缝，用钢尺检查也没有弯曲(用钢尺和试饼底部靠紧，两者之间不透光为不弯曲)的试饼为安定性合格，反之为不合格。当两个试饼判别结果有矛盾时，该水泥的安定性为不合格。

五、水泥胶砂强度检验

1. 主要仪器设备

行星式水泥胶砂搅拌机，振实台，试模，模套，抗折强度试验机，抗压试验机及抗压夹具，两个下料漏斗，金属刮平直尺。

2. 试验方法及步骤

(1)试验前准备。

1)将试模擦净，四周模板与底座的接触面应涂黄油，紧密装配，防止漏浆，内壁均匀刷一层薄机油。

2)水泥与标准砂的质量比为1∶3,水胶比为0.5。

3)每成型三条试件需称量水泥(450±2)g,标准砂(1 350±5)g,拌合用水量为(225±1)mL。

(2)试件制备。

1)把水加入锅内,再加入水泥,把锅放在固定架上固定,立即启动机器,机器自动控制搅拌程序直至搅拌结束。

2)将空试模和模套固定在振实台上,用铲刀直接从搅拌锅里将胶砂分两层装入试模,装第一层时,每个槽内约放300 g胶砂,用大拨料器垂直架在模套顶部,沿每个模槽来回一次将料层拨平,接着振实60次。再装入第二层胶砂,用小拨料器拨平,再振实60次。

3)从振实台上取下试模,用一金属直尺以近90°架在试模模顶的一端,沿试模长度方向以横向锯割动作慢慢向另一端移动,一次将超过试模部分的胶砂刮去,并用同一直尺以接近水平的状态将试体表面抹平。

4)在试模上做标记或加字条标明试件编号。

(3)试件养护。

1)试件编号后,将试模放入雾室或养护箱[温度(20±1)℃,相对湿度大于90%],养护20~24 h后,取出脱模,脱模时应防止试件损伤,硬化较慢的水泥允许延期脱模,但须记录脱模时间。

2)试件脱模后应立即放入水槽中养护,养护水温为(20±1)℃,养护期间试件之间应留有至少5 mm间隙,水面至少高出试件5 mm,养护至规定龄期,每个养护池只养护同类型的水泥试件,不允许在养护期间全部换水。

(4)强度试验。

1)龄期。各龄期的试件,必须在规定的3 d±45 min、7 d±2 h、28 d±2 h内进行强度测定。在强度试验前15 min将试件从水中取出后,用湿布覆盖至试验为止。

2)抗折强度测定。

①每龄期取出3个试件,先做抗折强度测定,测定前须擦去试件表面水分和砂粒,清除夹具上圆柱表面黏着的杂物,试件放入抗折夹具,应使试件侧面与圆柱接触。

②调节抗折强度试验机的零点与平衡,启动电动机,以(50±10)N/s速度加荷,直至试件折断,记录破坏荷载F_f(N)。

③抗折强度按下式计算(精确至0.1 MPa):

$$R_f = \frac{3F_f L}{2b^3}$$

式中 L——支撑圆柱中心距离(100 mm);

b——棱柱体正方形截面的边长,40 mm。

抗折强度以一组3个试件抗折强度的算术平均值为试验结果;当3个强度值中有一个超过平均值的±10%时,应予剔除,取其余2个的平均值;有2个强度值超过平均值的10%时,应重做试验。

3)抗压强度测定。

①抗压试验利用抗折试验后的断块,抗压强度测定须用抗压夹具进行,试体受压断面尺寸为40 mm×40 mm,试验前应清除试件受压面与加压板间的砂粒或杂物;试验时,以试体的侧面作为受压面,底面紧靠夹具定位销,并使夹具对准压力机压板中心。

②启动试验机，控制压力机加荷速度为(2 400±200)N/s，均匀地加荷至破坏，并记录破坏荷载 F_c(N)。

③抗压强度按下式计算（精确至 0.1 MPa）：

$$R_c = \frac{F_c}{A}$$

式中　A——受压面积，即 $40 \times 40 = 1\,600$(mm^2)。

　　　F_c——破坏时的最大荷载，N。

④抗压强度结果的确定是取一组六个抗压强度测定值的算术平均值；如六个测定值中有一个超出六个平均值的±10%，就应剔除这个结果，而以剩下五个的平均值作为结果；如果五个测定值中再有超过它们平均值的±10%，则此组结果作废。

水泥性能测试试验报告

试验日期：＿＿＿＿＿＿＿＿＿＿＿＿＿＿

气(室)温：＿＿＿＿℃　湿度：＿＿＿＿＿＿＿＿＿＿

一、试验内容

二、主要仪器设备

三、试验记录

1. 所选水泥样品产地、厂名：_____
水泥品种：_____ 出厂强度等级：_____
2. 水泥细度测试
测试方法：_____ 标准：_____

编号	试样质量/g	筛余量/g	筛余百分数/%	结论

3. 水泥标准稠度用水量测试
室温：_____℃ 相对湿度：_____%
测试方法：_____

编号	试样质量/g	用水量/mL	下沉深度/mm	标准稠度用水量/mL

4. 安定性试验

测试方法：＿＿＿＿＿＿＿＿＿＿＿＿＿＿＿＿

测试结果：＿＿＿＿＿＿＿＿＿＿＿＿＿＿＿＿

雷氏夹膨胀值：＿＿＿＿＿＿＿＿＿＿＿＿＿＿

试饼沸煮法：＿＿＿＿＿＿＿＿＿＿＿＿＿＿＿

结论：＿＿＿＿＿＿＿＿＿＿＿＿＿＿＿＿＿＿

5. 凝结时间

初凝时间：＿＿＿＿＿＿＿＿＿＿＿＿＿＿＿＿

终凝时间：＿＿＿＿＿＿＿＿＿＿＿＿＿＿＿＿

结论：＿＿＿＿＿＿＿＿＿＿＿＿＿＿＿＿＿＿

6. 水泥胶砂强度检验

编号	龄期	抗折荷载 P/N	抗折强度 f/MPa	平均值	抗压荷载 P/N	抗压强度 f/MPa	平均值
1	3 d						
2							
3							
1	28 d						
2							
3							

结论：＿＿＿＿＿＿＿＿＿＿＿＿＿＿＿＿＿＿＿＿

实训二　混凝土集料性能检测试验实训

一、四分法缩分试样

1. 砂的缩分

(1)分料器法：先将样品在潮湿状态下拌和均匀，然后通过分料器，取接料斗中的其中一份再次通过分料器。重复上述过程，直至把样品缩分到试验所需量为止。

(2)人工四分法：将取回的砂试样在潮湿状态下拌匀后摊成厚度约 20 mm 的圆饼，在其上画十字线，分成大致相等的四份，取其对角线的两份混合后，再按同样的方法持续进行，直至缩分后的材料量略多于试验所需的数量为止。

2. 石子的缩分

将石子试样在自然状态下拌匀后堆成锥体，在其上画十字线，分成大致相等的四份，取其中对角线的两份重新拌匀后，再按同样的方法持续进行，直至缩分后的材料量略多于试验所需的数量为止。

二、砂筛分析试验

1. 主要仪器设备

标准筛(孔径为 0.15 mm、0.30 mm、0.60 mm、1.18 mm、2.36 mm、4.75 mm 和 9.50 mm 的方孔筛)、摇筛机、天平、烘箱、浅盘、毛刷、容器等。

2. 试验步骤

(1)用四分法缩取约 1 100 g 试样，置于 (105±5)℃的烘箱中烘干至恒重，冷却至室温后，先筛除大于 9.50 mm 的颗粒(并计算其筛余百分率)，再分为大致相等的两份备用。

(2)称 500 g 烘干试样，精确至 1 g，倒入按孔径大小从上到下组合的套筛(附筛底)上，在摇筛机上筛 10 min，取下后逐个用手筛，直至每分钟通过量小于试样总量 0.1% 时为止。通过的试样并入下一号筛，并和下一号筛中的试样一起过筛，这样依次进行，直至各号筛全部筛完为止。如无摇筛机，可直接用手筛。

(3)称量各号筛的筛余量(精确至 1 g)。分计筛余量和底盘中剩余质量的总和与筛分前的试样质量之比，其差值不得超过 1%。

3. 试验结果计算

(1)分计筛余百分率——各筛的筛余量除以试样总量的百分率(精确至 0.1%)。

(2)累计筛余百分率——该筛上的分计筛余百分率与该筛以上各筛的分计筛余百分率之和(精确至 0.1%)。

4. 试验结果鉴定

(1)级配的鉴定。用各筛号的累计筛余百分率绘制级配曲线,或对照国家规范规定的级配区范围,判定其是否都处于一个级配区内。

(2)粗细程度的鉴定。砂的粗细程度用细度模数 M_x 的大小来判定。

(3)筛分试验应采用两个试样平行进行,取两次结果的算术平均值作为测定结果,精确至 0.1,若两次所得的细度模数之差大于 0.2,应重新进行试验。

三、石子筛分析试验

1. 主要仪器设备

方孔筛(孔径规格为 2.36 mm、4.75 mm、9.50 mm、16.0 mm、19.0 mm、26.5 mm、31.5 mm、37.5 mm、53.0 mm、63.0 mm、75.0 mm 和 90.0 mm)、摇筛机、托盘天平、台秤、烘箱、容器、浅盘等。

2. 试验方法及步骤

(1)按下表规定称取烘干或风干试样质量 G,精确至 1 g。

石子筛分析所需试样的最小质量

最大粒径/mm	9.5	16.0	19.0	26.5	31.5	37.5	63.0	75.0
试样质量/kg,≥	1.9	3.2	3.8	5.0	6.3	7.5	12.6	16.0

(2)按试样粒径选择一套筛,将筛按孔径由大到小顺序叠置,再将试样倒入上层筛中,置于摇筛机上固定,摇筛 10 min。

(3)按孔径由大到小顺序取下各筛,分别于洁净的盘上手筛,直至每分钟通过量不超过试样总量的 0.1% 为止,通过的颗粒并入下一号筛中并和下一号筛中的试样一起过筛。当试样粒径大于 19.0 mm 时,筛分时允许用手拨动试样颗粒,使其通过筛孔。

(4)称取各筛上的筛余量,精确至 1 g。在筛上的所有分计筛余量和筛底剩余的总和与筛分前测定的试样总量相比,其相差不得超过 1%。

3. 试验结果的计算及评定

(1)分计筛余百分率——各号筛上筛余量除以试样总质量的百分数(精确至 0.1%)。

(2)累计筛余百分率——该号筛上分计筛余百分率与大于该号筛的各号筛上的分计筛余百分率之总和(精确至 1%)。

粗集料的各筛号上的累计筛余百分率应满足国家规范规定的粗集料颗粒级配范围要求。

四、石子压碎指标值试验

1. 主要仪器设备

压力试验机(量程 300 kN)、压碎值测定仪、垫棒(ϕ10 mm,长 500 mm)、天平(称量 1 kg,感量 1 g)、方孔筛(孔径分别为 2.36 mm、9.50 mm 和 19.0 mm)。

2. 试验方法及步骤

(1)将石料试样风干,筛除大于 19.0 mm 及小于 9.50 mm 的颗粒,并除去针片状颗粒。

称取 3 份试样，每份 3 000 g(m_1)，精确至 1 g。

(2)将试样分两层装入圆模，每装完一层试样后，在底盘下垫 ϕ10 mm 垫棒，将筒按住，左右交替颠击地面各 25 次，平整模内试样表面，盖上压头。

(3)将压碎值测定仪放在压力试验机上，按 1 kN/s 速度均匀地施加荷载至 200 kN，稳定 5 s 后卸载。

(4)取出试样，用 2.36 mm 的筛筛除被压碎的细粒，称出筛余质量(m_2)，精确至 1 g。

(5)压碎指标值按下式计算(精确至 0.1%)：

$$Q_c = \frac{m_1 - m_2}{m_1} \times 100\%$$

式中　Q_c——压碎指标值，%；
　　　m_1——试样的质量，g；
　　　m_2——压碎试验后筛余的质量，g。

以三次平行试验结果的算术平均值作为压碎指标值的测定值(精确至 1%)。

五、砂堆积密度试验

1. 主要仪器设备

标准容器(金属圆柱形，容积为 1 L)、标准漏斗、台秤、铝制料勺、烘箱、直尺等。

2. 试验方法及步骤

(1)称取标准容器的质量(m_1)，精确至 1 g；将标准容器置于下料漏斗下面，使下料漏斗对正中心。

(2)取试样一份，用铝制料勺将试样装入下料漏斗，打开活动门，使试样徐徐落入标准容器(漏斗出料口或料勺距标准容器筒口为 5 cm)，直至试样装满并超出标准容器筒口。

(3)用直尺将多余的试样沿筒口中心线向两个相反方向刮平，称其质量(m_2)，精确至 1 g。试样的堆积密度 ρ_0' 按下式计算(精确至 10 kg/m³)：

$$\rho_0' = \frac{m_2 - m_1}{V_0'} \times 1\,000$$

砂堆积密度应用两份试样测定，并以两次结果的算术平均值作为测定结果。

六、石子堆积密度试验

1. 主要仪器设备

标准容器(根据石子最大粒径选取，见下表)、台秤、小铲、烘箱、直尺、磅秤(感量50 g)。

标准容器规格

石子最大粒径/mm	标准容器/L	标准容器尺寸/mm		
		内径	净高	壁厚
9.5, 16.0, 19.0, 26.5	10	208	294	2
31.5, 37.5	20	294	294	3
53.0, 63.0, 75.0	30	360	294	4

2. 试验方法及步骤

(1)称取标准容器的质量(m_1)及测定标准容器的容积 V_0'，取一份试样，用小铲将试样从标准容器上方 50 mm 处徐徐加入，试样自由下落，直至容器上部试样呈锥体且四周溢满时，停止加料。石子堆积密度试样取样质量见下表。

石子堆积密度试样取样质量

粒度/mm	9.5	16.0	19.0	26.5	31.5	37.5	63.0	75.0
称量/kg	40	40	40	40	80	80	120	120

(2)除去凸出容器表面的颗粒，并以合适的颗粒填入凹陷部分，使表面凸起部分体积和凹陷部分体积大致相等。称取试样和容量筒总质量 m_2，精确至 10 g。

(3)试样的堆积密度 ρ_0' 按下式计算(精确至 10 kg/m³)：

$$\rho_0' = \frac{m_2 - m_1}{V_0'} \times 1\,000$$

石子堆积密度应用两份试样测定，并以两次结果的算术平均值作为测定结果。

七、针状和片状颗粒的含量测试

1. 主要仪器设备

针状规准仪和片状规准仪或游标卡尺、天平、案秤、试验筛、卡尺。

2. 试样制备

试验前，先将试样在室内风干至表面干燥，并用四分法缩分至下表规定的数量，称量(m_0)，然后筛分成下表所规定的粒径备用。

集料针状、片状试验所规定的试样最小质量

最大粒径/mm	10.0	16.0	20.0	25.0	31.5	40.0 以上
试样最小质量/kg	0.3	1	2	3	5	10

3. 试验步骤

(1)按下表所规定的粒径用规准仪逐粒对试样进行鉴定，凡颗粒长度大于针状规准仪上相对应的间距者，为针状颗粒；厚度小于片状规准仪上相对应的孔宽者，为片状颗粒。

不同粒级针状、片状规准仪判别标准

粒径/mm	5～10	10～16	16～20	20～25	25～31.5	31.5～40
片状规准仪上相对应的孔宽/mm	3	5.2	7.2	9	11.3	14.3
针状规准仪上相对应的间距/mm	18	31.2	43.2	54	67.8	85.8

(2)粒径大于 40 mm 的碎石或卵石可用游标卡尺鉴定其针、片状颗粒，游标卡尺卡口的设定宽度应符合下表的规定。

大于 40 mm 粒径颗粒游标卡尺卡口的设定宽度

粒径/mm	40～63	63～80
鉴定片状颗粒的卡口宽度/mm	20.6	28.6
鉴定针状颗粒的卡口宽度/mm	123.6	171.6

(3)称量由各粒径挑出的针状和片状颗粒的总质量(m_1)。

4. 结果计算

碎石或卵石中针、片状颗粒含量应按下式计算(精确至 0.1%)：

$$w_p = \frac{m_1}{m_0} \times 100\%$$

式中　m_1——试样中所含针状、片状颗粒的总质量，g；

m_0——试样总质量，g。

混凝土集料性能检测报告

试验日期：_____

气(室)温：_____℃　湿度：_____

一、试验内容

二、主要仪器设备

三、试验记录

1. 砂的筛分析试验

筛孔尺寸/mm	9.50	4.75	2.36	1.18	0.60	0.30	0.15	筛底
筛余质量/g								
分计筛余量 a/%								
累计筛余量 A/%								
细度模数 $M_x = \dfrac{(A_2+A_3+A_4+A_5+A_6)-5A_1}{100-A_1}$							$M_x=$	

结论：该砂属于____砂；级配情况：_____

2. 砂的堆积密度

编号	容量筒容积 V/L	容量筒质量 G_1/kg	容量筒+砂 G_2/kg	砂质量 G/kg	堆积密度/$(kg \cdot m^{-3})$	平均值
1						
2						
3						

3. 碎石筛分析试验

筛孔尺寸/mm							
筛余质量/g							
分计筛余量 a/%							
累计筛余量 A/%							

结果：碎石最大粒径_____ mm；级配情况：_____

4. 碎石的堆积密度测定

编号	容量筒容积 V/L	容量筒质量 G_1/kg	容量筒+碎石 G_2/kg	碎石质量 G/kg	堆积密度/$(kg \cdot m^{-3})$	平均值
1						
2						
3						

5. 集料针状和片状颗粒总含量测试

编号	试样质量/g	针状和片状颗粒总量/g	针、片状颗粒含量/%	平均值
1				
2				

6. 石子压碎指标值测试

编号	试样质量/g	破碎后筛余质量/g	压碎指标/%	平均值
1				
2				

实训三　混凝土性能检测试验实训

一、混凝土拌合物试验室拌合方法

1. 一般规定

(1) 原材料应符合技术要求，并与施工实际用料相同，水泥若有结块现象，需用 0.9 mm 的方孔筛将结块筛除。

(2) 拌制混凝土的材料用量以质量计。混凝土试配最小搅拌量：当集料最大粒径小于 31.5 mm 时，拌制数量为 15 L，最大粒径为 40 mm 时取 25 L；当采用机械搅拌时，搅拌量不应小于搅拌机额定搅拌量的 1/4。称料精确度：集料 $\pm 1\%$，水、水泥、外加剂 $\pm 0.5\%$。

(3) 混凝土拌和时，原材料与拌合场地的温度宜保持在 (20 ± 5) ℃。

2. 主要仪器设备

搅拌机(容积为 50～100 L)、磅秤、天平、拌合钢板、钢抹子、量筒、拌铲等。

3. 拌合方法

(1) 人工拌合法。

1) 按配合比备料，以干燥状态为基准，称取各材料用量。

2) 先将拌板和拌铲用湿布润湿，将砂倒在拌板上后加入水泥，用拌铲自拌板一端翻拌至另一端，如此反复，直至颜色均匀，再放入称好的粗集料与之拌和，至少翻拌 3 次，直至混合均匀为止。

3) 将干混合物堆成锥形，在中间挖一凹坑，将已称量好的水倒入一半左右(勿使水流出)，仔细翻拌并徐徐加入剩余的水，继续翻拌，每翻拌一次，用拌铲在混合料上铲切一次，至少翻拌 6 次。拌合时间从加水完毕时算起，在 10 min 内拌和完毕。

(2) 机械搅拌法。

1) 按所规定的配合比备料，以干燥状态为基准。一次拌合量不宜少于搅拌机容积的 20%。

2) 拌前先对混凝土搅拌机挂浆，避免在正式拌和时水泥浆的损失。挂浆所剩余的混凝土倒在拌合钢板上，使钢板也粘有一层砂浆。

3) 将称好的石子、砂、水泥按顺序倒入搅拌机，干拌均匀，再将需用的水徐徐倒入搅拌机内一起拌和，全部加料时间不得超过 2 min，水全部加入后，再拌和 2 min。

4) 将拌合物从搅拌机中卸出，倾倒在钢板上，再经人工拌合 2 或 3 次。

4. 坍落度测定及试件成型

人工或机械拌好后，根据试验要求，立即做坍落度测定，并使试件成型。从开始加水时算起，全部操作必须在 30 min 内完成。

二、混凝土拌合物和易性检测(坍落度试验)

1. 主要仪器设备
坍落度筒、捣棒、小铲、木尺、钢尺、拌板、抹刀、下料斗等。

2. 试验方法及步骤
(1)每次测定前,用湿布把拌板及坍落度筒内外擦净、润湿,并在筒顶部加上漏斗,放在拌板上,用双脚踩紧脚踏板。

(2)取拌好的混凝土用小铲分3层均匀装入筒内,每层装入高度在插捣后约为筒高的1/3,每层用捣棒插捣25次,插捣应呈螺旋形由外向中心进行,各次插捣均应在截面上均匀分布,插捣第二层和顶层时,捣棒应插透本层,并使之插入下一层10~20 mm。在插捣顶层时,如混凝土沉落到低于筒口处,则应随时添加,顶层插捣完后,刮去多余混凝土,并用抹刀抹平,清除筒边底板上的混凝土后,垂直、平稳地提起坍落度筒。坍落度筒的提离应在5~10 s内完成,从开始装料到提起坍落度筒的整个过程应不间断进行,并在150 s内完成。

3. 试验结果记录及黏聚性、保水性判定
(1)提起坍落度筒后,立即测量筒高与坍落后混凝土试体最高点之间的高度差,此值即混凝土拌合物的坍落度值,单位为毫米(mm),结果精确至5 mm。

(2)黏聚性和保水性判定。黏聚性和保水性的测定是在测量坍落度后,用目测观察判定黏聚性和保水性。

1)黏聚性检测方法。用捣棒在已坍落的混凝土锥体侧面轻轻敲打,此时,如锥体渐渐整体下沉,则表示黏聚性良好;如锥体崩裂或出现离析现象,则表示黏聚性不好。

2)保水性检测方法。坍落度筒提起后,如有较多的稀浆从底部析出,锥体部分的混凝土拌合物也因失浆而集料外露,则表明保水性不好。坍落度筒提起后,如无稀浆或仅有少量稀浆自底部流出,则表明混凝土拌合物保水性良好。

三、混凝土立方体抗压强度试验(试件制作)

1. 主要仪器设备
压力试验机、振动台、试模、捣棒、小铁铲、钢尺等。

2. 试验步骤
(1)在制作试件前,首先要检查试模,拧紧螺栓,清刷干净,在其内壁涂上一薄层脱模剂。

(2)试件的成型方法应根据混凝土的坍落度确定。

1)坍落度不大于70 mm的混凝土拌合物宜采用振动台成型。将拌好的混凝土拌合物一次装入试模,装料时应用抹刀沿试模内壁略加插捣并使混凝土拌合物稍有富余,再将试模放到振动台上,用固定装置予以固定,启动振动台并计时,当拌合物表面呈水泥浆时,停止振动并记录振动时间,用抹刀沿试模边缘刮去多余拌合物,表面抹平。

2)坍落度大于70 mm的混凝土拌合物采用人工捣实成型。将混凝土拌合物分两层装入试模,每层装料厚度大致相同,插捣时用垂直的捣棒按螺旋方向由边缘向中心进行,插捣

底层时，捣棒应达到试模底面；插捣上层时，捣棒应贯穿到下层深度 20～30 mm，并用抹刀沿试模内侧插入数次，以防出现麻面。捣实后，刮除多余混凝土，并用抹刀抹平。

(3)试件尺寸按粗集料的最大粒径确定，见下表。

不同集料最大粒径选用的试模尺寸及插捣次数

试件尺寸/(mm×mm×mm)	集料最大粒径/mm	每层插捣次数/次
100×100×100	31.5	12
150×150×150	40	25
200×200×200	60	50

(4)试件养护。试件成型后应覆盖表面，以防水分蒸发，并应在温度为(20±5)℃情况下静停 24～48 h，再编号拆模。

1)标准养护。拆模后的试件应立即放在温度为(20±2)℃、湿度为95％以上的标准养护室中养护。试件放在架上，彼此间隔为 10～20 mm，并应避免用水直接冲淋试件。当无标准养护室时，试件可在温度为(20±2)℃的不流动水中养护，水的pH值不应小于7。

2)同条件养护。试件成型后应覆盖表面。试件的拆模时间可与实际构件的拆模时间相同，拆模后试件仍需保持同条件养护。

四、混凝土立方体抗压强度试验(强度检测)

(1)混凝土立方体试块龄期到达后，从养护室取出试件，随即擦干并测量其尺寸(精确至 1 mm)，并以此计算试件的受压面积 A(mm^2)。如实测尺寸与公称尺寸之差不超过 1 mm，可按公称尺寸进行计算。试件有严重缺陷时，应废弃。

(2)将试件安放在压力试验机的下压板上，试件的承压面应与成型时的顶面垂直。试件的轴心应与压力机下压板中心对准，启动压力试验机，当上压板与试件接近时，调整球座，使接触均衡。

(3)加压时，应连续而均匀地加荷，加荷速度如下：

当混凝土强度等级＜C30 时，取 7～10 kN/s。

当混凝土强度等级≥C30 时，取 10～18 kN/s。

当试件接近破坏而开始迅速变形时，应停止调整试验机油门，直至试件破坏，记录破坏荷载 F(N)。

五、试验结果计算

(1)混凝土立方体试件抗压强度($f_{cu,k}$)按下式计算(精确至 0.1 MPa)：

$$f_{cu,k} = \frac{F}{A}$$

式中 $f_{cu,k}$——混凝土立方体试件抗压强度(MPa)；
F——破坏荷载(N)；
A——试件承压面积(mm^2)。

(2)以三个试件抗压强度的算术平均值作为该组试件的抗压强度值，精确至 0.1 MPa。

三个测定值中的最大值或最小值中如有一个与中间值的差值超过中间值的±15%，则取中间值作为该组试件的抗压强度值；如有两个测定值与中间值的差均超过中间值的±15%，则该组试件的试验结果无效。

混凝土抗压强度是以 150 mm×150 mm×150 mm 的立方体试件作为抗压强度的标准试件，其他尺寸试件的测定结果均应换算成 150 mm 立方体试件的标准抗压强度值，不同试件尺寸的换算系数见下表。

不同试件尺寸的换算系数

试件尺寸/(mm×mm×mm)	200×200×200	150×150×150	100×100×100
换算系数	1.05	1.00	0.95

混凝土性能试验报告

试验日期：_____

气(室)温：_____ ℃　湿度：_____

一、试验内容

二、主要仪器设备

三、试验记录

1. 混凝土的拌合试验

材料	水泥	砂	石子	水	外加剂	掺合料
品种						
规格						
1 m³ 混凝土材料用量/kg						
试验拌合用量/kg						

2. 混凝土和易性试验

结果：_____

混凝土的坍落度值：_____

混凝土的黏聚性：_____

混凝土的保水性：_____

3. 混凝土抗压强度试验

编号	龄期	抗压荷载 P/N	抗压强度 f/MPa	平均值
1				
2				
3				

实训四　砂浆性能检测试验实训

一、砂浆拌合试验

1. 主要仪器设备

钢板(约 1.5 m×2 m,厚 3 mm)、磅秤或台秤、拌铲、抹刀、量筒、盛器、砂浆搅拌机(应提前润湿与砂浆接触)等。

2. 一般规定

(1)所有原材料应提前 24 h 进入实验室,保证与室内温度一致,实验室温度为(20±5)℃,相对湿度大于或等于 50%,或与施工条件相同。

(2)试验材料与施工现场所用材料一致。砂应用 5 mm 的方孔筛过筛,以干质量计。称量精度要求:水泥、外加剂、掺合料等为±0.5%,砂为±1%。

(3)实验室搅拌砂浆应采用机械搅拌,先拌适量砂浆,使砂浆搅拌机内壁黏附一薄层水泥砂浆,保证正式搅拌时配料准确。将称好的各种材料加入砂浆搅拌机,启动砂浆搅拌机,将水逐渐加入,搅拌 2 min,砂浆量宜为砂浆搅拌机容量的 30%~70%,搅拌时间不应少于 120 s,有掺合料的砂浆不应少于 180 s。将搅拌好的砂浆倒在钢板上,人工略加翻拌,立即试验。

二、砂浆稠度试验

1. 主要仪器设备

砂浆稠度仪、捣棒、台秤、拌锅、拌铲、秒表等。

2. 试验方法及步骤

(1)将盛浆容器和试锥表面用湿布擦干净,并用少量润滑油轻擦滑杆,使滑杆能自由滑动。

(2)将拌好的砂浆一次装入圆锥筒,装至距离筒口约 10 mm 为止,用捣棒插捣 25 次,再将筒摇动或在桌上轻轻振动 5 或 6 下,使之表面平整,随后移置于砂浆稠度仪台座上。

(3)调整圆锥体的位置,使其尖端和砂浆表面接触,并对准中心,拧紧固定螺钉,将指针调至刻度盘零点,突然放开固定螺钉,使圆锥体自由沉入砂浆中 10 s 后,读出下沉的距离(精确至 1 mm),该值即砂浆的稠度值。

(4)圆锥体内砂浆只允许测定一次稠度,重复测定时应重新取样。

3. 试验结果评定

以两次测定结果的算术平均值作为砂浆稠度测定结果(精确至 1 mm),如两次测定值之差大于 10 mm，应重新取样测定。

三、砂浆分层度试验

1. 主要仪器设备

分层度测定仪，其他仪器同稠度试验仪器。

2. 试验方法及步骤

(1)将拌好的砂浆测出稠度值后，剩余部分立即一次注入分层度测定仪。用木槌在容器周围距离大致相等的4个不同地方轻轻敲击1或2下，如砂浆沉落到分层度筒口以下，应随时添加，刮去多余的砂浆，并用抹刀抹平。

(2)静置 30 min 后，去掉上层 200 mm 砂浆，取出底层 100 mm 砂浆重新拌和 2 min，再测定砂浆稠度值(mm)。也可采用快速法，将分层度筒放在振动台上[振幅(0.5 ± 0.05)mm，频率(50 ± 3)Hz]，振动 20 s 即可。

(3)两次砂浆稠度值的差值即砂浆的分层度。

3. 试验结果评定

砂浆的分层度宜为 10～30 mm，如大于 30 mm，易产生分层、离析、泌水等现象；如小于 10 mm，则砂浆过黏，不易铺设，且容易产生干缩裂缝。

以两次试验结果的算术平均值作为砂浆分层度的试验结果。

四、砂浆保水性试验

1. 主要仪器设备

金属或硬塑料圆环试模(内径 100 mm、内部高度 25 mm)、可密封的取样容器、2 kg 的重物、医用棉纱(尺寸为 110 mm×110 mm，宜选用纱线稀疏、较薄的棉纱)、超白滤纸(直径 110 mm，200 g/m²)、2 片金属或玻璃的方形或圆形不透水片(边长或直径大于 110 mm)、天平(量程 200 g，感量 0.1 g；量程 2 000 g，感量 1 g)、烘箱。

2. 试验步骤

(1)称量不透水片与干燥试模质量 m_1 和 8 片中速定性滤纸质量 m_2。

(2)将砂浆拌合物一次性填入试模，并用抹刀以较平的角度在试模表面反方向将砂浆刮平。抹掉试模边的砂浆，称量试模、不透水片与砂浆总质量 m_3。

(3)用 2 片医用棉纱覆盖在砂浆表面，再在医用棉纱表面放上 8 片滤纸，用不透水片盖在滤纸表面，以 2 kg 的重物把不透水片压住。

(4)静止 2 min 后移走重物及不透水片，取出滤纸(不包括医用棉纱)，迅速称量滤纸质量 m_4。根据砂浆的配合比及加水量计算砂浆的含水率 α。

3. 试验结果评定

砂浆保水性应按下式计算：

$$W=\left[1-\frac{m_4-m_2}{\alpha\times(m_3-m_1)}\right]\times100\%$$

式中　W——保水性(%)；

　　　m_1——不透水片与干燥试模质量(g)；

　　　m_2——8片滤纸吸水前的质量(g)；

　　　m_3——试模、不透水片与砂浆总质量(g)；

　　　m_4——8片滤纸吸水后的质量(g)；

　　　α——砂浆含水率(%)。

取两次试验结果的平均值作为结果，如两个测定值中有1个超出平均值的5%，则此组试验结果无效。

五、砂浆抗压强度试验(试件制作)

1. 主要仪器设备

压力试验机、垫板、振动台、试模(规格：70.7 mm×70.7 mm×70.7 mm 有底试模)、捣棒、抹刀等。

2. 试验步骤

(1)采用立方体试件，每组试件3个。

(2)应用黄油等密封材料涂抹试模的外接缝，试模内涂抹机油或脱模剂，将拌制好的砂浆一次性装满砂浆试模，成型方法根据稠度而定。当稠度≥50 mm时，应采用人工振捣成型；当稠度<50 mm时，用振动台振实成型。

1)人工振捣。用捣棒均匀地由边缘向中心按螺旋方式插捣25次，插捣过程中如砂浆低于试模口，应随时添加砂浆，可用油灰刀插捣数次，并用手将试模一边抬高5~10 mm各振动5次，使砂浆高出试模6~8 mm。

2)机械振动。将砂浆一次性装满砂浆试模，放置在振动台上，振动时试模不得跳动，振动5~10 s或持续到表面出浆为止，不得过振。

(3)待表面水分稍干后，将高出试模部分的砂浆沿试模顶面刮去并抹平。

(4)试件制作后应在(20±5)℃温度下停置(24±2)h，当气温较低时，可适当延长时间，但不应超过两昼夜，再对试件进行编号、拆模。试件拆模后，应立即放入温度为(20±2)℃、相对湿度95%以上的标准养护室中养护28 d，养护期间，试件彼此间隔不小于10 mm，混合砂浆试件应覆盖，以防水滴在试件上。

六、砂浆抗压强度试验(强度检测)

(1)试件从养护室取出后，应尽快进行试验。试验前先将试件擦拭干净，测量尺寸，并检查其外观。试件尺寸测量精确至1 mm，并据此计算试件的承压面积。如实测尺寸与公称尺寸之差不超过1 mm，可按公称尺寸进行计算。

(2)将试件放在压力试验机的下压板上(或下垫板上),试件中心应与压力试验机下压板(或下垫板)中心对准,试件的承压面应与成型时的顶面垂直。

(3)启动压力试验机,当上压板(或上垫板)与试件接近时,调整球座,使接触面均匀受压。加荷速度应为 0.25～1.5 kN/s(砂浆强度 5 MPa 及 5 MPa 以下时,宜取下限;砂浆强度 5 MPa 以上时,宜取上限)。当试件接近破坏而开始迅速变形时,停止调整试验机油门,直至试件破坏,记录破坏荷载 N_u(N)。

砂浆立方体抗压强度应按下列公式计算(精确至 0.1 MPa):

$$f_{m,cu}=\frac{N_u}{A}$$

式中　$f_{m,cu}$——砂浆立方体抗压强度(MPa);

　　　N_u——立方体破坏压力(N);

　　　A——试件承压面积(mm^2)。

以三个试件检测值的算术平均值的 1.3 倍(f_2)作为该组试件的砂浆立方体抗压强度平均值(精确至 0.1 MPa)。

当三个试件的最大值或最小值与中间值的差值超过中间值的 15％时,则把最大值及最小值一并舍去,以中间值作为该组试件的抗压强度值;如两个测定值与中间值的差值均超过中间值的 15％,则该组试件的试验结果无效。

砂浆性能检测报告

试验日期:＿＿＿＿＿＿＿＿＿＿＿＿＿＿＿＿

气(室)温:＿＿＿＿℃　湿度:＿＿＿＿＿＿＿＿

一、试验内容

二、主要仪器设备

三、试验记录

1. 砂浆的拌合试验

材料	水泥	砂	水	外加剂	掺合料
品种					
规格					
1 m³ 砂浆材料用量/kg					
试验拌合用量/kg					

2. 砂浆和易性试验

试样编号	砂浆沉入度/mm	静置 30 min 后沉入度/mm	砂浆分层度/mm	砂浆的保水性/%
1				
2				
平均值				

结果：
砂浆的稠度为_____mm；砂浆分层度为_____mm；
砂浆的保水性为_____%。
备注：_____

3. 砂浆抗压强度试验

编号	龄期	抗压荷载 P/N	抗压强度 f/MPa	平均值
1				
2				
3				

结果：砂浆的强度值为_____MPa，该批砂浆强度等级为_____。

实训五　砌墙砖性能检测试验实训

一、尺寸测量

1. 量具

砖用卡尺，分度值为 0.5 mm。

2. 测量

在砖的两个大面中间处，分别测量两个长度尺寸和两个宽度尺寸，在两个条面的中间处分别测量两个高度尺寸。当被测量处有缺损或凸出时可在其旁边测量，应选择不利的一侧。

3. 结果评定

检测结果分别以长度、宽度、高度的最大偏差值表示，精确至 1 mm。

二、外观质量检查

1. 主要仪器设备

砖用卡尺（分度值为 0.5 mm）、钢直尺（分度值为 1 mm）。

2. 试验步骤

(1)缺损测量。缺棱掉角在砖上造成的缺损程度以缺损部分对长、宽、高三个棱边的投影尺寸来度量，称为破坏尺寸。缺损造成的破坏面是指缺损部分对条、顶面的投影面积。

(2)裂纹测量。裂纹分为长度、宽度、高度三个方向，以投影方向的投影尺寸来表示，以 mm 计。如果裂纹从一个面延伸到其他面上，累计其延伸的投影长度。多孔砖的孔洞与裂纹相通时，则将孔洞包括在裂纹内一并测量，裂纹应在三个方向上分别测量，以测得的最长裂纹作为测量结果。

(3)弯曲测量。分别在大面和条面上测量，测量时将砖用卡尺的两支脚置于两端，选择弯曲最大处将垂直尺推至砖面。以弯曲中测得的最大值作为测量结果，不应将因杂质或碰伤造成的凹处计算在内。

杂质在砖面上造成的凸出高度，以杂质距砖面的最大距离表示。测量时，将砖用卡尺的两支脚置于凸出两边的砖面上以垂直尺测量。外观测量以 mm 为单位，不足 1 mm 者以 1 mm 计。

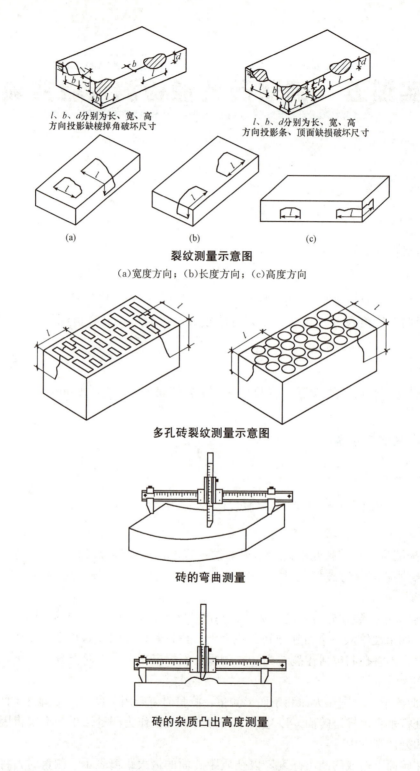

裂纹测量示意图
(a)宽度方向；(b)长度方向；(c)高度方向

多孔砖裂纹测量示意图

砖的弯曲测量

砖的杂质凸出高度测量

三、抗压强度检测(试件制备)

1. 主要仪器设备

试验机示值误差不大于±1%，下压板应为球铰支座，预期破坏荷载应为量程的

20%～80%；抗压试件制作平台必须平整，可用金属材料或其他材料制成；水平尺(250～300 mm)、钢直尺(分度值为 1 mm)、制样模具、插板。

2. 试验步骤

(1)取 10 块烧结普通砖试样，将砖样锯成两块半截砖，半截砖长不得小于 100 mm。在试样平台上，将制好的半截砖放在室温的净水中浸泡 10～20 min 后取出，以断口方向相反叠放，两者之间抹以不超过 5 mm 厚的水泥净浆，上、下两面用不超过 3 mm 的同种水泥净浆抹平，上、下两面必须相互平行，并垂直于侧面。

(2)取 10 块多孔砖试样，以单块整砖沿竖孔方向加压，空心砖以单块整砖大面、条面方向(各 5 块)分别加压。

(3)制作试件。

1)采用坐浆法制作试件。将玻璃板置于试件制作平台上，其上铺一张湿垫纸，纸上铺不超过 5 mm 厚的水泥净浆，在水中浸泡试件 10～20 min 后取出，平稳地坐放在水泥浆上。在一受压面上稍加用力，使整个水泥层与受压面相互粘结。砖的侧面应垂直于玻璃板，待水泥浆凝固后，连同玻璃板翻放在另一铺纸、放浆的玻璃板上，再进行坐浆。用水平尺校正玻璃板。

2)采用模具制样法制作试件。将试样(烧结普通砖)切断成两段，截断面应平整，断开的半截砖长度不得小于 100 mm。

将断开的半截砖放入室温的净水中浸泡 20～30 min 后取出，在铁丝网架上滴水 20～30 min，以断口相反方向装入模具，用插板控制两半块砖间距为 5 mm，砖大面与模具间距 3 mm，断面、顶面与模具间垫橡胶垫或其他密封材料，模具内表面涂油或脱模剂。

将经过 1 mm 筛的干净细砂 2%～5%与强度等级为 42.5 级的普通硅酸盐水泥加水用砂浆搅拌机搅拌，水胶比 0.50 左右。

将装好样砖的模具置于振动台，在样砖上加少量水泥砂浆，边振动边向砖缝间加入水泥砂浆，振动过程为 0.5～1.0 min。振动停止后稍静置，将模具上表面刮平。

两种方法并行使用，仲裁检验采用模具制样法。

(4)取非烧结砖试样。同一块试样的两半截砖断口相反叠放，叠合部分不得小于 100 mm。如果不足 100 mm，则应另取试件。

(5)将制好的试件置于不低于 10 ℃的不通风室内养护 3 d 后试压。

非烧结砖不需养护，直接试验。

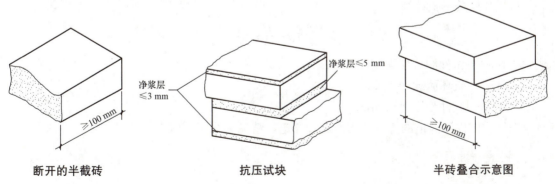

断开的半截砖　　　　抗压试块　　　　半砖叠合示意图

四、抗压强度检测(强度检测)

(1)测量每个养护好的试件的连接面或受压面的长度和宽度尺寸各两个,取算术平均值,精确至 1 mm,计算其受压面积;将试件平放在加压板上,垂直于受压面匀速加压,加荷速度以 4 kN/s 为宜,直至破坏,记录最大破坏荷载 P。

(2)结果计算及评定。每块试样的抗压强度按下式计算:

$$R_P = \frac{P}{LB}$$

式中 R_P——抗压强度(MPa)(精确至 0.1 MPa);
P——最大破坏荷载(N);
L——受压面(连接面)长度(mm);
B——受压面(连接面)宽度(mm)。

五、蒸压加气混凝土砌块性能检测

1. 主要仪器设备

压力机(300~500 kN)、锯砖机或切砖器、直尺等。

2. 试验步骤

(1)沿制品膨胀方向中心部分上、中、下顺序锯取一组,"上"块上表面距离制品顶面 30 mm,"中"块在制品正中处,"下"块下表面距离制品底面 30 mm。制品的高度不同,试件间隔略有不同。得到 100 mm×100 mm×100 mm 立方体试件,试件在质量含水率为 25%~45%下进行试验。

(2)测量试件的尺寸,精确至 1 mm,并计算试件的受压面积(mm^2)。将试件放在压力机的下压板的中心位置,试件的受压方向应垂直于制品的膨胀方向,以(2.0±0.5)kN/s 的速度连续而均匀地加荷,直至试件破坏为止,记录最大破坏荷载 P(N)。

将试验后的试件全部或部分立即称质量,再在(105±5)℃温度下烘至恒质,计算其含水率。

3. 结果计算与评定

抗压强度按下式计算:

$$f_{cc} = \frac{P_1}{A_1}$$

式中 f_{cc}——试件的抗压强度(MPa);
P_1——破坏荷载(N);
A_1——试件受压面积(mm^2)。

按三块试件试验值的算术平均值进行评定,精确至 0.1 MPa。

砌墙砖性能检测报告

试验日期：_____

气(室)温：_____℃ 湿度：_____

一、试验内容

二、主要仪器设备

三、试验记录

1. 尺寸测量

编号	1	2	3	4	5
长度					
偏差					
宽度					
偏差					
高度					
偏差					

结果：

长度方向最大偏差值为_____mm；

宽度方向最大偏差值为_____mm；

高度方向最大偏差值为_____mm。

2. 外观质量检查

项目		1	2	3	4	5	6	7	8	9	10
缺损/mm	长度方向										
	宽度方向										
	高度方向										
裂纹/mm	长度方向										
	宽度方向										
	高度方向										
弯曲/mm	大面										
	条面										
杂质凸出高度/mm											

结果：

(1)缺损：

长度方向最大投影量为_____mm；

宽度方向最大投影量为_____mm；

高度方向最大投影量为_____mm。

(2)裂纹：

长度方向最大长度为_____mm；

宽度方向最大长度为_____mm；

高度方向最大长度为_____mm。

(3)弯曲：

大面最大弯曲量为_____mm；

条面最大弯曲量为_____mm；

(4)杂质凸出高度为_____mm。

3. 抗压强度测试

种类			强度等级		使用部位		
产地			送样日期		试验项目		
砖厂名称			取样数量		执行标准		
编号	试件尺寸	受压面积/ mm²	破坏荷载/ N	抗压强度/ MPa	结论		
1					项目	实测值	指标值
2					强度平均值		
3					强度标准值		
4					强度最小值		
5							
6					$s = \sqrt{\dfrac{1}{9}\sum\limits_{i=1}^{10}(f_i - \bar{f})^2}$		
7							
8					$\delta = \dfrac{s}{\bar{f}}$ $f_k = \bar{f} - 1.8s$		
9							
10							

实训六　钢筋性能检测试验实训

一、钢筋拉伸性能检测

1. 主要仪器设备

万能材料试验机(示值误差不大于1‰)、游标卡尺(精度为0.1 mm)、钢筋打点机。

2. 试验步骤

(1)钢筋试件一般不经切削。在试件表面,选用小冲点、细画线或有颜色的记号做出两个或一系列等分格的标记,以表明标距长度,测量标距长度 l_0($l_0=10a$ 或 $l_0=5a$)(精确至0.1 mm)。

(2)调整试验机刻度盘的指针,对准零点,拨动副指针与主指针重叠。

将试件固定在试验机夹头内,启动试验机进行拉伸。拉伸速度:屈服前应力增加速度为每秒10 MPa,屈服后试验机活动夹头在荷载下的移动速度为不大于每分钟 $0.5l$($l=l_0+2h_1$)。

(3)钢筋在拉伸试验时,读取刻度盘指针首次回转前指示的恒定力或首次回转时指示的最小力,即屈服点荷载 F_s(N);钢筋屈服后继续施加荷载直至将钢筋拉断,从刻度盘上读取试验过程中的最大力 F_b(N)。

(4)拉断后标距长度 l_1(精确至0.1 mm)的测量。将试件断裂的部分对接在一起,使其轴线处于同一直线上。如拉断处到邻近标距端点的距离大于 $l_0/3$,可直接测量两端点的距离;如拉断处到邻近标距端点的距离小于或等于 $l_0/3$,可用移位方法确定 l_1:在长段上从拉断处 O 点取基本等于短段格数,得 B 点,接着取等于长段所余格数(偶数)之半得 C 点;或者取所余格数(奇数)减1与加1之半,得 C 与 C_1 点,移位后的 l_1 分别为 $AO+OB+2BC$ 或 $AO+OB+BC+BC_1$。

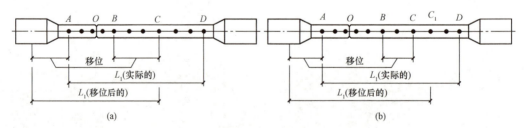

位移法计算标距

(a)剩余段格数为偶数;(b)剩余段格数为奇数

3. 结果计算与评定

(1)屈服强度 σ_s 按下式计算:

$$\sigma_s = \frac{F_s}{A_0}$$

(2)抗拉强度 σ_b 按下式计算：
$$\sigma_b = \frac{F_b}{A_0}$$

式中　σ_s、σ_b——屈服强度和抗拉强度（MPa）。

　　　F_s、F_b——屈服点荷载和最大荷载（N）。

(3)伸长率按下式计算（精确至 0.5%）：
$$\delta_{10}(\delta_5) = \frac{l_1 - l_0}{l_0} \times 100\%$$

式中　δ_{10}、δ_5——$l_0 = 10a$ 和 $l_0 = 5a$ 时的断后伸长率。

如试件拉断处位于标距之外，则断后伸长率无效，应重做试验。

在拉伸试验的两根试件中，如其中一根试件的屈服点、抗拉强度和伸长率三个指标中，有一个指标达不到钢筋标准中规定的数值，应取双倍钢筋进行复检。若仍有一根试件的指标达不到标准要求，则钢筋拉伸性能为不合格。

二、冷弯试验

1. 主要仪器设备

压力试验机或万能试验机、冷弯压头等。

2. 试验步骤

(1)冷弯试样长度为 $L = 5a + 150$（mm），a 为试件的计算直径。弯心直径和弯曲角度，按热轧钢筋分级及相应的技术要求表选用。

(2)调整两支辊间距离 $L = (d + 3a) \pm 0.5a$（d 为弯心直径），此距离在试验期间保持不变。

(3)将试件放置于两支辊上，试件轴线应与弯曲压头轴线垂直，弯曲压头在两支座之间的中点处对试件连续施加压力使其弯曲，直至达到规定的弯曲角度。

试件弯曲至两臂直接接触的试验，应首先将试件初步弯曲（弯曲角度尽可能大），然后将其置于两平行压板之间，连续施加力压其两端使其进一步弯曲，直至两臂直接接触。

3. 结果评定

试件弯曲后，检查弯曲处的外缘及侧面，如无裂缝、断裂或起层现象，即认为冷弯试验合格，否则为不合格。

若钢筋在冷弯试验中有一根试件不符合标准要求，同样抽取双倍钢筋进行复检。若仍有一根试件不符合要求，则判定冷弯试验项目不合格。

钢筋力学与工艺性能检测报告

试验日期：_____

气(室)温：_____℃ 湿度：_____

一、试验内容

二、主要仪器设备

三、试验记录

1. 拉伸试验

试件名称	测量直径/mm	截面面积/mm²	屈服荷载/N	极限荷载/N	拉断后长度/mm	屈服强度/MPa	抗拉强度/MPa	伸长率/%

结果：_____

2. 冷弯试验

试件名称	弯心直径	弯曲角度	结果

结果：_____

实训七　沥青性能检测试验实训

一、针入度试验

1. 主要仪器设备

针入度仪、标准针、试样皿、温度计、恒温水浴、平底保温皿、金属皿或瓷皿、秒表。

2. 试样制备

(1)小心加热，使样品能够流动。加热时焦油沥青的加热温度不超过软化点的 60 ℃，石油沥青不超过软化点的 90 ℃。加热时间不超过 30 min，用筛过滤除去杂质。加热、搅拌过程中，避免试样中进入气泡。

(2)将试样倒入两个试样皿(其中一个备用)，试样深度应大于预计针穿入深度 10 mm。

(3)松盖试样皿防灰尘落入。在 15 ℃～30 ℃的室温下冷却 1～1.5 h(小试样皿)或 1.5～2.0 h(大试样皿)，将试样皿和平底玻璃皿放入恒温水浴，水面没过试样表面 10 mm 以上，小皿恒温 1～1.5 h，大皿恒温 1.5～2.0 h。

3. 试验步骤

(1)调节针入度仪的水平，检查针连杆和导轨，将擦干净的针插入连杆中固定。按试验条件放好砝码。

(2)取出恒温到试验温度的试样皿和平底玻璃皿，放置在针入度仪的平台上。慢慢放下针连杆，使针尖刚刚接触试样的表面。拉下活杆，使其与针连杆顶端相接触，调节针入度仪上的表盘读数指零。

(3)用手紧压按钮，同时启动秒表，使标准针自由下落穿入试样，到规定时间停压按钮，使标准针停止移动。

(4)拉下活杆，再使其与针连杆顶端相接触，表盘指针的读数为试样的针入度。

(5)同一试样应重复测三次，每一试验点的距离和试验点与试样皿边缘的距离不小于 10 mm。每次测定要用擦干净的针。当针入度大于 200 时，至少用三根针，每次试验用的针留在试样中，直到三根针扎完时，再将针从试样中取出。

4. 结果评定

取三次测定针入度的平均值(取整数)作为试验结果。三次测定的针入度值相差不应大于下表中的规定，否则应重新进行试验。

石油沥青针入度测定值的最大允许差值

针入度(0.1 mm)	0～49	50～149	150～249	250～350
最大允许差值	2	4	6	8

二、沥青延度试验

1. 主要仪器设备

延度仪及试样模具、瓷皿或金属皿、孔径 0.3～0.5 mm 筛、温度计、金属板、砂浴、水浴、甘油滑石粉隔离剂等。

2. 试样制备

(1)将甘油滑石粉(2∶1)隔离剂拌和均匀,涂于磨光的金属板上和铜模侧模的内表面,将模具组装在金属板上。

(2)首先将除去水分的试样在砂浴上加热熔化,用筛过滤,充分搅拌,消除气泡,使试样呈细流状,自模的一端至另一端往返倒入,使试样略高出模具。

(3)试件在 15 ℃～30 ℃的空气中冷却 30 min,然后放入(25±0.1)℃的水浴中,保持 30 min 后取出,用热刀自模的中间刮向两边,使沥青面与模面齐平,表面光滑。将试件和金属板再放入(25±0.1)℃的水浴中 1～1.5 h。

3. 试验步骤

(1)检查延度仪的拉伸速度(5±0.25 cm/min)是否符合要求,移动滑板使指针正对标尺的零点,保持水槽中水温为(25±0.5)℃。

(2)首先将试件移到延度仪的水槽中,将模具两端的孔分别套在滑板及槽端的金属柱上,然后去掉侧模,水面高于试件表面不小于 25 mm。

(3)启动延度仪,观察沥青的拉伸情况。如发现沥青细丝浮于水面或沉于槽底,则加入乙醇或食盐水调整水的密度(食盐增大密度,乙醇降低密度),至与试样的密度相近后,再进行测定。

(4)试件拉断时,读指针所指标尺上的读数,该读数为试样的延度(cm)。

4. 试验结果

取平行测定三个结果的平均值作为测定结果。若三个测定值不在其平均值的 5% 以内,但其中两个较高值在平均值的 5% 之内,则去掉最低测定值,取两个较高值的平均值作为测定结果。在正常情况下,试样被拉伸成锥尖状,在断裂时横断面为零,否则试验报告应注明在此条件下无测定结果。

三、软化点试验

1. 主要仪器设备

软化点试验仪、可调温的电炉或加热器、玻璃板(或金属板)、800 mL 烧杯、测定架、温度计等。

2. 试样制备

(1)将黄铜环置于涂有隔离剂的金属板或玻璃板上。

(2)将预先脱水的试样加热熔化,用筛过滤后,注入黄铜环内略高出环面为止。若估计软化点高于 120 ℃,应将黄铜环与金属板预热至 80 ℃～100 ℃。

(3)试样在 15 ℃～30 ℃的空气中冷却 30 min 后,用热刀刮去高于环面的试样,与环面平齐。

(4)将盛有试样的黄铜环及板置于盛满水的保温槽内,恒温 5 min,水温保持在(5±0.5)℃,甘油温度保持在(32±1)℃;或将盛有试样的黄铜环水平安放在环架中承板的孔内,再放在盛有水或甘油的烧杯中,时间和温度同保温槽。

(5)烧杯内注入新煮沸并冷却至 5 ℃的蒸馏水,使水面略低于环架连杆上的深度标记。

3. 试验步骤

(1)从保温槽中取出盛有试样的黄铜环,放置在环架中承板的圆孔中,并套上钢球定位器,把整个环架放入烧杯,调整水面或甘油液面至深度标记,环架上任何部分均不得有气泡。将温度计由上承板中心孔垂直插入,使水银球与铜环下面齐平。

(2)首先将烧杯放在有石棉网的电炉上,然后将钢球放在试样上(须使各环的平面在全部加热时间内完全处于水平状态)立即加热,烧杯内水或甘油温度的上升速度保持为(5±0.5)℃/min,否则试验应重做。

(3)试样受热软化下坠至与下承板面接触时的温度,即试样的软化点。

4. 试验结果

取平行测定两个结果的算术平均值为测定结果,精确至 0.1 ℃。如两个软化点测定值超过 1 ℃,应重新进行试验。

石油沥青及沥青防水卷材性能检测报告

试验日期:_____

气(室)温:_____℃ 湿度:_____

一、试验内容

二、主要仪器设备

三、试验记录

1. 石油沥青技术性能试验

沥青品种：_____ 沥青牌号：_____

检测项目	针入度/(0.1 mm)	延伸度/cm	软化点/℃
检测结果			
平均值			
标准值			

2. 沥青防水卷材试验

卷材品种：_____ 卷材牌号：_____
外观质量：_____

检测项目	不透水性	耐热度/℃	拉力	柔度
检测结果				
平均值				
标准值				

备注：_____

实训八　混凝土配合比设计试验实训

一、试验目的与要求

(1)目的。掌握普通混凝土的配合比设计过程、拌合物的和易性和强度的试验方法,培养综合设计试验的能力。

(2)要求。根据提供的工程情况和原材料,设计出普通混凝土的最初配合比,再进行试配和调整,确定符合和易性、强度、耐久性和经济性要求的普通混凝土配合比。

二、工程情况和原材料条件

(1)某工程的钢筋混凝土梁,混凝土设计强度等级为C30。
(2)施工要求坍落度为35～50 mm。
(3)原材料:水泥为硅酸盐水泥,强度等级为42.5,密度为3.1 g/cm^3;砂为中砂;采用碎石,粒径待定;水为自来水;无外加剂。
(4)混凝土采用机械搅拌,机械振捣。构件最小截面尺寸为400 mm,钢筋净距为60 mm。
(5)该工程为潮湿环境下无冻害构件。
(6)根据施工单位近期统计资料,混凝土强度标准差为4.6 MPa。

三、设计步骤

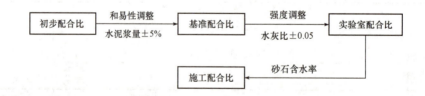

四、试验步骤

(1)原材料性能试验。
1)水泥:细度、凝结时间、安定性、胶砂强度试验。
2)砂:表观密度、堆积密度、筛分析、含泥量和泥块含量试验。
3)碎石:表观密度、堆积密度、筛分析、压碎指标试验。
(2)计算初步配合比。根据给定的工程情况和原材料条件、试验检测的原材料性能,确定配合比设计基本参数,计算出每立方米混凝土中各种材料用量,得到初步配合比。此过程可按步骤计算，也可利用混凝土配合比设计相关软件，输入相关内容后，输出计算结果。

（3）配合比的试配。根据初步配合比进行试配，试配时，混凝土搅拌量按下表选取。混凝土拌和后首先测定和易性，如不满足要求，应调整和易性，坍落度调整主要通过增加水泥浆量或增加砂石用量来实现。

集料最大粒径/mm	拌合物量/L
31.5 及以下	15
40	25

（4）实验室配合比的调整和确定。满足和易性要求的配合比为基准配合比，在基准配合比的基础上做强度试验时，应采用三个不同水胶比的配合比，其中一个为基准配合比的水胶比，另外两个较基准配合比的水胶比分别增加和减少 0.05。用水量与基准配合比相同，砂率可分别增加和减少 1%。

五、问题与讨论

（1）混凝土配合比计算中，水泥用量和水胶比怎样确定？

（2）在测定混凝土和易性时，遇到以下几种情况应采取什么有效措施？
1）坍落度比要求的大。
2）坍落度比要求的小。
3）坍落度比要求的小，且黏聚性差。
4）坍落度比要求的大，且黏聚性、保水性都差。

（3）为什么检验混凝土的强度至少采用三个不同的配合比？制作混凝土强度试件时，为什么还要检验混凝土拌合物的和易性及表观密度？

六、试验结果

(1)原材料性能试验。

1)水泥。

项目	细度	凝结时间	安定性	强度
检测值				

2)砂。

项目	表观密度	堆积密度	筛分析	含泥量
检测值				

3)碎石。

项目	表观密度	堆积密度	筛分析	压碎指标
检测值				

(2)计算得到的初步配合比(1 m³ 混凝土中各材料用量,单位为 kg):
水泥为_____;水为_____;砂为_____;石子为_____;水胶比为_____。

(3)试配混凝土材料用量:
试拌混凝土为_____L;试拌混凝土拌合物的表观密度为_____。

项目\组分	水泥	砂	石子	水	坍落度
品种					
规格					
试拌合用量/kg					
调整拌合用量/kg					

(4)实验室配合比。确定拌合混凝土材料用量及强度:
试拌混凝土为_____L;试拌混凝土拌合物的表观密度为_____。

编号\组分	水泥/kg	砂/kg	石子/kg	水/kg	坍落度/mm	C/W	强度/MPa
1							
2							
3							

画出强度、灰水比关系直线，确定混凝土水胶比。

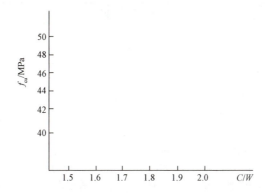

实验室配合比为：

水泥为_____；水为_____；砂为_____；石子为_____；水胶比为_____。

材料取样标准一览表

序号	名称		现场抽样规定	依据规范标准
1	水泥	通用水泥	1. 散装水泥：以同一生产厂家、同一等级、同一品种、同一批号且连续进厂的水泥不超过 500 t 为一批。 取样应有代表性，可连续取，也可从 20 个以上不同部位取等量样品，总量至少 12 kg。 2. 袋装水泥：以同一生产厂家、同一等级、同一品种、同一批号且连续进厂的水泥不超过 200 t 为一批。 取样应有代表性，可随机从不少于 20 袋中取等量样品，总量至少 12 kg 的水泥为试样	《通用水泥质量等级》 (JC/T 452—2009)
2	混凝土用集料	砂	1. 按同产地、同规格分批验收。 2. 用大型运输工具(汽车)的，每 600 t 为一验收批，不足 600 t 也为一批。生产量超过 2 000 t 按 1 000 t 为一批，不足 1 000 t 也为一批。 3. 每验收批取样：在堆料上取样时，取样部位应均匀分布，取样前先将取样部位表面铲除，然后由各部位抽取大致相等的样品共 8 份，组成一组样品	《建设用砂》 (GB/T 14684—2011)
		碎石或卵石	1. 按同产地、同规格分批验收。 2. 用大型运输工具(汽车)的，每 600 t 为一验收批，不足 600 t 也为一批。生产量超过 2 000 t 按 1 000 t 为一批，不足 1 000 t 也为一批。 3. 每验收批取样：在堆料上取样时，取样部位应均匀分布，取样前先将取样部位表面铲除，然后由各部位抽取大致相等的样品共 15 份，组成一组样品	《建设用卵石、碎石》 (GB/T 14685—2011)

续表

序号	名称	现场抽样规定	依据规范标准
3	混凝土	1. 同一组混凝土拌合物应从同一盘混凝土或同一车混凝土中取样。取样量应多于试验所需量的1.5倍，且宜不小于20 L。 2. 混凝土拌合物的取样应具有代表性，宜采用多次采样的方法。一般在同一盘混凝土或同一车混凝土中的约1/4处、1/2处和3/4之间分别取样，第一次取样到最后一次取样不宜超过15 min，再人工搅拌均匀。 3. 从取样完毕到开始做各项性能试验不宜超过5 min。 4. 每拌制100盘且不超过100 m³的同配合比的混凝土，取样不得少于一次；每工作班拌制的同一配合比的混凝土不足100盘时，取样不得少于一次；当一次连续浇筑超过1 000 m³时，同一配合比的混凝土每200 m³取样不得少于一次；每一楼层、同一配合比的混凝土，取样不得少于一次；每次取样应至少留置一组标准养护试件，同条件养护试件的留置组数应根据实际需要确定	《普通混凝土拌合物性能试验方法标准》(GB/T 50080—2016) 《混凝土物理力学性能试验方法标准》(GB/T 50081—2019)
4	砂浆	1. 建筑砂浆立方体抗压强度取样数量：按每一个台班，同一配合比，同一层砌体，或250 m³砌体为一组试块；地面砂浆按每一层地面，1 000 m²取一组，不足1 000 m²按1 000 m²计算。 2. 建筑砂浆试验用料应根据不同要求，从同一盘搅拌机或同一车运送的砂浆中取出；在实验室取样时，从机械或人工拌和的砂浆中取出。所取试样的数量应多于试验用料的1～2倍	《建筑砂浆基本性能试验方法标准》(JGJ/T 70—2009)
5	墙体材料	烧结普通砖	1. 每一生产厂家的砖到现场后，按3.5万～15万块为一验收批，不足3.5万块也按一批计。 2. 从外观质量和尺寸偏差检验后的样品中随机抽取。只进行单项检验时，可直接从检验批中随机抽取。 3. 抽取数量：抗压强度10块；外观质量、尺寸测量20块	《烧结普通砖》(GB/T 5101—2017)
5	墙体材料	蒸压加气混凝土砌块	1. 同品种、同规格、同等级的砌块，以10 000块为一验收批，不足10 000块也按一批计。 2. 从尺寸偏差与外观检验合格的砌块中随机抽取试块，制作3组试件进行立方体抗压强度试验，制作3组试件做干表观密度检验	《蒸压加气混凝土砌块》(GB/T 11968—2006)
6	钢材	热轧带肋钢筋	以同一牌号、同一炉罐号、同一规格的钢筋为一批，每批质量不大于60 t。 取样规格：拉伸两根； 直径≤10 mm，长度300 mm； 直径>10 mm，长度10d+200 mm。 弯曲两根，长度5d+150 mm。	《钢筋混凝土用钢 第2部分：热轧带肋钢筋》(GB/T 1499.2—2018)
6	钢材	热轧光圆钢筋	以同一牌号、同一炉罐号、同一尺寸的钢筋为一批，每批质量不大于60 t。 取样规格：拉伸两根，弯曲两根。 截取试件长度同上	《钢筋混凝土用钢 第1部分：热轧光圆钢筋》(GB/T 1499.1—2017)

续表

序号	名称	现场抽样规定	依据规范标准
7	建筑石油沥青	1. 以同一产地、同一品种、同一牌号，每 20 t 产品为一验收批，不足 20 t 也按一批计。每一验收批取样 2 kg。 2. 在料堆取样时，取样部位应均匀分布，同时应不少于 5 处，每次取洁净的等量试样共 2 kg，作为检验和留样用	《建筑石油沥青》 (GB/T 494—2010)
8	防水卷材	1. 以同一类型、同一规格 10 000 m^2 为一批，不足 10 000 m^2 时也可作为一批。 2. 在每批产品中随机抽取 5 卷进行卷重、面积、厚度与外观检查，在上述检查合格的卷材中随机抽取 1 卷，将试样卷材切除距外层卷头 2 500 mm，顺纵向截取 800 mm 的全幅卷材试样 2 块，做物理性能检验	《塑性体改性沥青防水卷材》 (GB 18243—2008) 《弹性体改性沥青防水卷材》 (GB 18242—2008)

第四部分

参考答案

综合训练题参考答案

第1章 建筑材料的基本性质

一、名词解释

1. 材料在外力作用下抵抗破坏的能力。
2. 材料在绝对密实状态下，单位体积的质量。
3. 材料在自然状态下，单位体积的质量。
4. 在外力作用下发生变形，外力解除后，能完全恢复到变形前的形状的性质。
5. 在外力作用下发生变形，外力解除后，不能完全恢复到变形前的形状的性质。
6. 冲击振动等荷载作用下，材料可吸收较大的能量产生一定的变形而不破坏的性质。
7. 外力达到一定限度时，材料发生无先兆的突然破坏，且破坏时无明显塑性变形的性质。
8. 材料在原子、离子、分子层次上的组成形式。
9. 材料在宏观可见层次上的组成形式。
10. 材料长期在饱和水作用下而不破坏，其强度也不显著降低的性质。
11. 材料抵抗压力水渗透的性质。
12. 按单位质量计算的材料强度。

二、填空题

1. GB GB/T 2. 质量要求 性能检验 3. 质量吸水率 体积吸水率
4. 导热系数 热阻 5. 导热性 热容量 热变形性 6. 吸水率 含水率
7. 软化系数 大 8. 小 封闭 9. 不变 减小 降低 不一定增大 不一定降低 不一定降低 10. 憎水性材料 亲水性材料 11. 2.6 46%

三、选择题

1. D 2. A 3. C 4. C 5. C 6. A 7. D 8. B 9. B
10. C 11. C 12. B 13. C 14. A 15. A 16. B 17. C 18. B
19. C 20. D 21. C 22. A 23. B 24. D 25. C 26. A

四、判断题

1. ×   2. √   3. ×   4. √   5. ×   6. √
7. ×   8. ×   9. ×   10. √   11. ×

五、简答题

1. 答：这主要是由于新建房屋墙体的含水率较高。同样的材料，随着含水率的增加，导热系数也增加，因为水的导热系数远大于空气的导热系数。当水结冰后，导热系数进一步提高，因为冰的导热系数又大于水的导热系数。

2. 答：三者均表示材料单位体积的质量。但测定方法不同，计算时采用的体积不同。

密度：采用材料的绝对密实体积。表观密度：采用材料的表观体积(实体体积＋孔隙体积)。堆积密度：采用材料的堆积体积(材料总体积＋颗粒间空隙体积)。材料含水后对密度、表观密度无影响，这是因为密度、表观密度均指绝对干燥状态下的物理常数。对堆积密度的影响则较为复杂，一般含水后堆积密度增大。

3. 答：该石材的软化系数 $K_R = f_b/f_g = 165/178 = 0.93$。

因为该石材的软化系数 $0.93 > 0.85$，为耐水石材，所以可用于水下工程。

4. 答：主要可采取以下两个措施：

(1)降低材料内部的孔隙率，特别是开口孔隙。还包括材料内部裂纹的数量和长度(裂纹也可以看成扁平的孔隙)，并使材料内部结构匀质化。

(2)对多相复合材料应增加相界面间的粘结力。如对混凝土材料，应增加砂、石与水泥石间的粘结力。

5. 答：甲、乙两材料组成相同，但两者表观密度不同。甲材料的表观密度大，因而孔隙率低于乙材料，由此可以得出甲材料保温性能低于乙材料，但甲材料强度、抗冻性均高于乙材料。

6. 答：屋面材料应具备一定的强度以及轻质、保温、隔热、耐久性(抗渗、抗冻、耐热、耐光)等性质；外墙材料应具备一定的强度、保温、隔声、耐水性、耐久性；基础材料应具备较高的强度、耐水性、耐腐蚀性及耐久性等。

7. 答：小尺寸试件结果大于大尺寸试件结果；加荷速度快的高于加荷速度慢的；立方体试件高于棱柱体试件；无润滑的高于有润滑的；表面平整的高于表面不平整的。

8. 答：弹性和塑性是表征材料变形特点的；脆性和韧性是表征材料破坏现象的。脆性与弹性、韧性、塑性是完全不同的概念，但它们之间也有联系。一般来说，脆性材料往往是变形较小的弹性材料，且其塑性很小；韧性材料往往有较大的变形能力，特别是塑性变形。

9. 答：脆性材料抗压强度远大于抗拉强度(一般为10倍以上)，其变形能力很小，特别是塑性变形能力，表现为突发破坏，没有预兆，主要承担压力或静载。韧性材料抗拉强度高于或接近于抗压强度，具有较大的变形能力(塑性或弹性)，破坏前有明显征兆，适合承担拉力或动载。

10. 答：(1)组成与结构。金属材料导热系数大于非金属材料导热系数；无机材料导热系数大于有机材料导热系数；晶体材料导热系数大于非晶体材料导热系数；各向异性材料导热系数随导热方向不同而改变。

(2)孔隙率。孔隙率大，导热系数小；大孔、连通孔存在对流，导热系数较大；封闭小孔导热系数小。

(3)含水率。水的导热系数远大于空气的导热系数，故含水率越大，导热系数也越大，所以保温材料使用中要保持干燥。

(4)温度越高，导热系数越大(金属材料除外)。

六、计算题

1. 解：
$\rho' = m/V' = 482/(630-452) = 2.71 (g/cm^3)$
$w_w = (487-482)/482 = 1\%$
$\rho_0 = m/(V' + V_{孔开}) = 482/(630-452+487-482) = 2.63 (g/cm^3)$

2. 解：
$\rho_0 = 2\,487/(24 \times 24 \times 11.5) = 0.38 (g/cm^3)$
$\rho = m/(V_0 - V_孔) = 2\,487/(24 \times 24 \times 11.5 \times 0.63) = 0.60 (g/cm^3)$
$w_w = (2\,984 - 2\,487)/2\,487 = 20\%$
$W_V = W_w \cdot \rho_0 = 0.38 \times 20\% = 8\%$
$P_开 = 8\%，P_闭 = 37\% - 8\% = 29\%$

3. 解：
$\rho = 50/16.5 = 3.03 (g/cm^3)$
$\rho_0 = 50/20 = 2.5 (g/cm^3)$
$P = (1 - \rho_0/\rho) \times 100\% = (1 - 2.5/3.03) \times 100\% = 17\%$

4. 解：
表观密度：$\rho_0 = m/V_0 = 2.55/[7.78 - (9.36 - 2.55)] = 2.63 (kg/m^3)$
堆积密度：$\rho_0' = m/V_0' = 2.55/1.5 = 1.7 (kg/L)$
空隙率：$P' = (1 - \rho_0'/\rho_0) \times 100\% = (1 - 1.7/2.63) \times 100\% = 35.36\%$
砂的体积：$V_0' = 1.5 \times 35.36\% = 0.53 (L)$

5. 解：
由已知得 $V_0' = 10 (L)$
$V_开 = 18.6 - 18.4 = 0.2 (L)$
$V_开 + V_空 = 4.27 (L)$
$V_空 = 4.07 (L)$
$V_0 = 10 - 4.07 = 5.93 (L)$
$V' = V_0 - V_开 = 5.93 - 0.2 = 5.73 (L)$

视密度：$\rho' = \dfrac{m}{V'} = \dfrac{18.4 - 3.4}{5.73} = 2.62 (g/cm^3)$

表观密度：$\rho_0 = \dfrac{m}{V_0} = \dfrac{18.4 - 3.4}{5.93} = 2.53 (g/cm^3)$

开口孔隙率：$P_k = \dfrac{m_2 - m_1}{V_0} = \dfrac{18.6 - 18.4}{5.93} \times 100\% = 3.37\%$

堆积密度：$\rho_0' = \dfrac{m}{V_0'} = \dfrac{18.4-3.4}{10} = 1.5(\text{g/cm}^3)$

第 2 章　气硬性胶凝材料

一、填空题

1. 块灰　生石灰粉　熟石灰粉　石灰膏　CaO　Ca(OH)$_2$　熟石灰粉　石灰膏
2. 反应快　放热多　体积膨胀　淋灰法　化灰法
3. 欠火石灰　过火石灰　去除过火石灰　两周
4. 钙质消石灰　镁质消石灰　白云石消石灰
5. 良好的保水性
6. 慢　低　收缩
7. 麻刀　纸筋
8. 石灰　混合
9. 二八灰土　三七灰土　黏土　亚黏土　轻亚黏土　掌握灰土配合比　夯实程度　土的塑性指数　龄期
10. 差　好
11. 半水硫酸钙　二水硫酸钙
12. 30 min　硼砂　骨胶
13. 微膨胀　快　大　小　好　好　大　差　差　好　差
14. 防雨　防潮　3

二、选择题

1. B	2. B	3. C	4. B	5. A
6. B	7. A	8. D	9. C	10. A

三、简答题

1. 答：欠火石灰：未烧透、产浆率低，渣滓多。可熟化后用筛网滤除。
过火石灰：施工后吸水熟化，体积膨胀，引起墙面鼓包、开裂。可磨细或者熟化陈伏消除其影响。
2. 答：共同点：耐水性差。
不同点：硬化速度、硬化后体积变化、硬化后强度不同。
3. 答：灰土制作过程中经夯实，灰土密实度高；随着时间推移，灰土中石灰和黏土发生反应，生成耐水、强度较高的水硬性水化物。
4. 答：石膏内部孔隙率高，保温性好；可调节室内湿度；防火性好、易加工；硬化时体积微膨胀，制品表面光滑、线条饱满。

石膏不耐水、不耐高温，在室外易变形、粉化，因此不适用于室外。

5. 答：因为石膏凝结硬化快，凝固时体积微膨胀。

四、案例分析题

1. 这是由石灰砂浆中含有过火石灰引起的。石灰膏配置砂浆前要有"陈伏"过程，时间为2周。

2. 原因：石膏孔隙率高，易吸水，石膏不耐水。

改善措施：可在石膏中加入水泥或其他防水材料。

3. 原因：石膏的凝结时间为30 min，最后粘结时石膏已经凝结，粘结力下降。

改善措施：分多次拌合砂浆，随拌随用；石膏浆内加硼砂、骨胶等缓凝剂；吊顶打磨。

五、实训（略）

第3章 水 泥

一、名词解释

1. 水泥浆体在凝结硬化过程中体积变化的均匀性。
2. 不仅能在空气中凝结硬化，而且能更好地在水中硬化并保持发展强度的一类胶凝材料。
3. 由硅酸盐水泥熟料、0%～5%石灰石或粒化高炉矿渣、适量石膏磨细制成的水硬性胶凝材料。
4. 从水泥开始加水到水泥浆开始失去可塑性所需的时间。
5. 1 d内(20±1)℃，相对湿度90%以上的养护箱中；1 d后(20±1)℃的水中。
6. 水泥在水化过程中所放出的热。
7. 从水泥开始加水到水泥浆完全失去可塑性所需的时间。
8. 硬化后的水泥浆体，或水泥浆在硬化后所形成的人造石。
9. 水泥石在有压力或流动的软水作用下，强度和其他性能降低或者水泥石遭到破坏。
10. 水泥净浆达到规定的稠度时，对应于一定水泥所需用水量。

二、判断题

1. × 2. × 3. × 4. × 5. × 6. × 7. × 8. × 9. √ 10. √
11. √ 12. × 13. √ 14. √ 15. √ 16. × 17. × 18. × 19. × 20. ×
21. × 22. × 23. × 24. × 25. √ 26. × 27. × 28. √ 29. √ 30. √

三、填空题

1. 石灰质原料　黏土质原料　2. CaO　SiO_2　Al_2O_3　Fe_2O_3　3. 石膏　4. 硅酸三钙　硅酸二钙　铝酸三钙　铁铝酸四钙　5. C_3A　C_2S　6. 初凝时间　终凝时间　7. 沸煮法　压蒸法　8. 细度　凝结时间　安定性　强度　9. 高抗折强度　小　10. 45　390　11. 矿渣硅酸盐　12. 硅酸盐　13. 发展慢　增长快　低　好　差　14. 活性氧化硅　活性氧化铝　15. 氢氧化钙　水化铝酸三钙　孔隙　16. 试饼法　雷氏法　雷氏法　17. 硅酸盐　火山灰　18. 凝胶体　19. 好　氢氧化钙　水化铝酸三钙　20. 水化硅酸钙　水化硫铝酸钙

四、选择题

1. B A	2. A	3. D	4. C	5. C	6. B	7. B
8. B	9. D	10. D	11. B	12. B	13. A	14. C
15. B	16. B	17. C	18. C	19. C	20. D	21. C
22. C	23. D	24. E	25. C	26. B	27. B	28. B
29. A	30. B	31. D	32. B	33. B	34. B	35. A
36. C	37. A	38. D	39. A	40. A	41. A	42. D
43. D	44. AB	45. AD	46. ABCD	47. BC	48. AD	49. BCD
50. ABCDE	51. BD	52. CDE	53. ABDE	54. BCDE	55. ABE	56. ABE
57. BDE	58. ABDE	59. BE	60. ADE	61. ABDE		

五、简答题

1. 答：某些体积安定性轻度不合格的水泥，存放一段时间后，水泥中部分游离氧化钙吸收空气中的水蒸气而水化，其膨胀作用被消除，因而体积安定性由轻度不合格变为合格。时间为 2～4 周。须特别指出，若重新鉴定体积安定性还不合格，仍不得使用。另外，须按重新标定的等级使用。

2. 答：普通硅酸盐水泥、矿渣硅酸盐水泥、硅酸盐水泥、火山灰质硅酸盐水泥和粉煤灰硅酸盐水泥。

3. 答：水化硅酸钙、水化铁酸钙凝胶、氢氧化钙、水化铝酸钙和水化硫铝酸钙晶体。

4. 答：甲厂硅酸盐水泥熟料配制的硅酸盐水泥的强度发展速度、水化热、28 d 的强度均高于乙厂的硅酸盐水泥，但耐腐蚀性低于乙厂的硅酸盐水泥。

5. 引起水泥体积安定性不良的主要原因如下：

(1)熟料中含有过多的游离氧化钙和游离氧化镁。这是一个最为常见，影响也最严重的因素。熟料中所含游离氧化钙或氧化镁都经过过烧，结构致密，水化很慢。加之，被熟料中其他成分所包裹，其在水泥已经硬化后才开始水化，从而导致不均匀体积膨胀，使水泥石开裂。

(2)掺入石膏过多。当石膏掺入量过多时，在水泥硬化后，残余石膏与水化铝酸钙继续反应生成钙矾石，体积增大约 1.5 倍，也会导致水泥石开裂。

体积安定性不良的水泥，会发生膨胀性裂纹使水泥制品或混凝土开裂，造成结构破坏。

因此，体积安定性不良的水泥，不得在工程中使用。

6. 答：(1)早期及后期强度均较高，适用于早期强度要求高的混凝土工程和高强度混凝土工程。

(2)抗冻性好，适用于抗冻性要求高的混凝土工程。

(3)耐腐蚀性差，不适用于与流动软水、具有压力的软水和含硫酸盐等腐蚀介质接触较多的混凝土工程。

(4)水化热高，不适用于大体积混凝土工程。

(5)耐热性差，不适用于耐热混凝土工程。

(6)耐磨性好，适用于有较高耐磨要求的混凝土工程。

(7)抗碳化性好，适用于有较高抗碳化要求的混凝土工程。

7. 答：掺入混合材料的硅酸盐水泥组成中含有较多的混合材料，而硅酸盐水泥的组成中不含或含有较少的混合材料，所以它们在性能上有较大不同。

与硅酸盐水泥相比，掺入混合材料的硅酸盐水泥性能上有以下特点：

(1)早期强度低，后期强度发展快。

(2)水化热低。

(3)耐腐蚀性好。

(4)抗碳化性较差。

8. 答：原因：一是水泥石中含有易受腐蚀的成分，主要是氢氧化钙和水化铝酸钙等；二是水泥石本身不密实，内部含有大量毛细孔隙，使腐蚀性介质渗入水泥石内部，造成腐蚀。

防止腐蚀的措施：合理选择水泥品种，提高水泥石的密实度，在水泥石表面加保护层等。

9. 答：硅酸盐水泥强度发展的规律：3~7 d强度发展比较快，28 d以后显著变慢。

影响水泥凝结硬化的因素：水泥熟料的矿物组成、石膏掺入量、水泥细度、养护的温度和湿度、养护的时间等。

10. 答：取相同质量的4种粉末，分别加入适量的水拌和成同一稠度的浆体。放热量最大且有大量水蒸气产生的为磨细生石灰；在5~30 min内凝结硬化并具有一定强度的为建筑石膏；在45 min~12 h内凝结硬化的为白水泥；加水后没有任何反应或变化的为白色石灰石粉。

11. 答：水泥强度检测是根据国家标准规定，水泥和标准砂按质量比1∶3混合，用0.5的水胶比拌制成塑性胶砂，按规定的方法制成尺寸为40 mm×40 mm×160 mm棱柱体试件，试件成型后连模一起在(20±1)℃湿气中养护24 h，然后脱模在(20±1)℃水中养护，测定3 d和28 d的强度。

硅酸盐水泥的强度等级是以标准养护条件下养护3 d和28 d时的抗压强度和抗折强度来评定。

12. 答：(1)早期强度要求高、抗冻性好的混凝土：硅酸盐水泥、普通水泥。

(2)抗软水和硫酸盐腐蚀较强、耐热的混凝土：矿渣水泥。

(3)抗淡水侵蚀强、抗渗性高的混凝土：火山灰水泥。

(4)抗硫酸盐腐蚀较高、干缩小、抗裂性较好的混凝土：粉煤灰水泥。

(5)夏季现浇混凝土：矿渣水泥、火山灰水泥、粉煤灰水泥、复合水泥。

(6)紧急军事工程：快硬硅酸盐水泥。

(7)大体积混凝土：矿渣水泥、火山灰水泥、粉煤灰水泥、复合水泥。

(8)水中、地下的建筑物：矿渣水泥、火山灰水泥、粉煤灰水泥、复合水泥。

(9)在我国北方，冬期施工的混凝土：硅酸盐水泥、普通水泥。

(10)位于海水下的建筑物：矿渣水泥、火山灰水泥、粉煤灰水泥、复合水泥。

(11)填塞建筑物接缝的混凝土：膨胀水泥。

(12)采用湿热养护的混凝土构件：矿渣水泥、火山灰水泥、粉煤灰水泥、复合水泥。

六、实训（略）

第4章　混凝土

一、名词解释

1. 砂的颗粒级配是指粒径大小不同的砂相互搭配的比例。

2. 粗集料公称粒径的上限称为该粒级的最大粒径。

3. 在保证混凝土强度与和易性要求的情况下，用水量与水泥用量为最小时的砂率；或者用水量与水泥用量一定的情况下，拌合物能获得所要求的流动性及良好的黏聚性与保水性时的砂率。合理砂率也称为最佳砂率。

4. 按照国家标准规定，以边长为150 mm的立方体试件，在标准养护条件下养护28 d进行抗压强度试验所测得的抗压强度为混凝土立方体抗压强度。

5. 水泥混凝土中水泥的碱与某些碱活性集料发生化学反应，可引起混凝土产生膨胀、开裂甚至破坏，这种化学反应称为碱-集料反应。

6. 砂在某一含水量下，既不吸收混凝土混合料中的水分，也不带入多余水分，砂在这一含水量下所处的状态称为饱和面干状态。

7. 混凝土拌合物的流动性是指混凝土拌合物在本身自重或外力作用下产生流动，能均匀密实地填满模板的性能。

8. 胶凝材料，粗、细集料以及其他外掺料、水，按适当比例拌制、成型、养护、硬化而成的人造石材是混凝土。

9. 混凝土拌合物在一定施工条件和环境下，是否易于各种施工工序的操作，以及获得均匀密实的混凝土的性能即混凝土拌合物的工作性。

10. 混凝土抗压强度标准值即按照标准的方法制作和养护的边长为150 mm的立方体试件，在28 d龄期，用标准试验方法测定的抗压强度总体分布中的一个值，强度低于该值的百分率不超过5%，即具有95%保证率的抗压强度。

11. 砂率是指水泥混凝土混合料中砂的质量占砂石总质量之比，以百分率表示。

12. 混凝土基准配合比是在初步配合比的基础上，对新拌混凝土的工作性加以试验验证，并经过反复调整得到的配合比。

13. 混凝土的配合比即 1 m^3 混凝土各组成材料之间的比例。

14. 高强度混凝土即强度等级为C60及以上的混凝土。

15. 干表观密度不大于 1 950 kg/m³ 的混凝土即轻混凝土。
16. 减水剂是指保持混凝土拌合物流动性的条件下，能减少拌合物用水量的外加剂。
17. 连续级配是指石子大小连续分级，每一级都占适当比例。
18. 间断级配是指石子粒级不连续，人为地剔除中间一级或几级颗粒而形成的级配方式。

二、判断题

1. √   2. ×   3. ×   4. √   5. ×   6. ×   7. ×   8. √   9. ×   10. ×
11. ×   12. ×   13. √   14. ×   15. √   16. ×   17. √   18. ×   19. √   20. √
21. √   22. ×   23. √   24. ×   25. √   26. √   27. √   28. √   29. ×   30. √
31. ×   32. √   33. √   34. √   35. √   36. √   37. √   38. √   39. √   40. √
41. √   42. √   43. √   44. √   45. √   46. √   47. √   48. √   49. √   50. √
51. √   52. √   53. √   54. √   55. √   56. √   57. √   58. √   59. √   60. ×
61. ×   62. ×   63. √   64. √   65. √   66. √   67. √   68. √   69. √   70. ×
71. ×   72. √   73. √   74. ×   75. √   76. ×   77. ×

三、填空题

1. 重混凝土　普通混凝土　　2. 坍落度试验　维勃稠度试验
3. 保持 W/C 不变，增大水泥浆量　4. 最大水胶比　最小水泥用量
5. 工作性　力学性质　耐久性　　6. 单位用量表示法　相对用量表示法
7. 初步配合比设计　试验室配合比设计　施工配合比设计　　8. 抗压强度标准值
9. 实际含水率　　10. 全干状态　气干状态　饱和面干状态　湿润状态
11. 空隙率　总表面积　12. 1/4　3/4　40　13. 抗冻性　抗渗性
14. 流动性　黏聚性　保水性　流动性　黏聚性　保水性
15. 增加水泥浆用量　　16. 减小　　17. 小　　18. 颗粒级配　细度模数
19. 级配情况　粗细程度　20. 越高　21. 氯盐早强　不适用
22. 掺入混合材料的　大　23. 强度　耐久性　经济性　24. 轻质　高强
25. 连续级配　间断级配　26. 针状颗粒　片状颗粒　27. 和易性
28. 用水量　水胶比　砂率　29. 水胶比　砂率　单位用水量

四、选择题

1. B   2. C   3. B   4. D   5. C   6. C   7. C
8. D   9. A   10. B   11. A   12. A   13. A   14. C
15. A   16. B   17. C   18. B   19. B   20. D   21. D
22. B   23. B   24. B   25. C   26. A   27. A   28. D
29. D   30. A   31. C   32. E   33. A   34. C   35. B
36. B   37. A   38. C   39. C   40. B   41. B   42. C

43. D	44. C	45. E	46. D	47. B	48. A	49. A
50. D	51. C	52. B	53. A	54. C	55. D	56. C
57. C	58. B	59. B	60. C	61. C	62. C	63. C
64. A	65. C	66. D	67. D	68. D	69. B	70. B
71. C	72. A	73. B	74. A	75. D	76. C	77. D
78. A	79. B	80. B	81. C	82. C	83. A	84. D
85. B	86. B	87. ABCDE	88. ABDE	89. ACDE	90. ABCD	91. AC
92. ABD	93. ABC	94. ABCDE	95. ABCE	96. ACD	97. BCE	98. ABCE
99. ABCD	100. ABCD	101. ABCD				

五、简答题

1. 答：和易性、强度、变形和耐久性。

2. 答：宜采用碎石。碎石与水泥石粘结好。水胶比越小，碎石、卵石的界面粘结程度差异越大，对强度影响也越大。一般情况下，碎石混凝土强度高于卵石混凝土强度。

3. 答：危害：由于混凝土是热的不良导体，混凝土内部的热量不易散发，内部温度可达 50 ℃～60℃，混凝土表面散热很快，内外温差引起的拉应力使混凝土产生裂缝，影响混凝土的完整性和耐久性。

预防措施：采用低水化热的水泥，采用循环水降温，等等。

4. 答：最大粒径不超过结构截面最小尺寸的 1/4，且不超过钢筋最小净距的 3/4；混凝土实心板不超过板厚的 1/3，且不超过 40 mm。

5. 答：有四种状态：干燥状态、风干(气干)状态、饱和面干状态、潮湿(湿润)状态。

6. 答：基本要求：(1)满足结构安全和施工不同阶段所需的强度要求。

(2)满足混凝土搅拌、浇筑、成型过程中所需的工作要求。

(3)满足设计和使用环境所需的耐久性要求。

(4)满足节约水泥、降低成本的经济性要求。

设计方法有两种：

(1)体积法，混凝土各组成材料的体积和拌合物中空气体积之和等于混凝土拌合物体积。

$$m_{c0}/\rho_c + m_{w0}/\rho_w + m_{s0}/\rho'_s + m_{g0}/\rho'_w + 0.01\alpha = 1$$

(2)质量法，1 m³ 混凝土拌合物质量等于其各组成材料质量之和。

$$m_{c0} + m_{w0} + m_{s0} + m_{g0} = m_{cp}$$

7. 答：集料级配是指集料中不同粒径颗粒的搭配情况。集料级配良好的标准是集料的空隙率和总表面积均较小。使用良好级配的集料，不仅所需水泥浆量较少，经济性好，还可以提高混凝土的和易性、密实度和强度。

8. 答：采用高强度等级水泥配制低强度等级的混凝土时，只需少量的水泥或较大的水胶比就可满足强度要求，但满足不了施工要求的良好的和易性，使施工困难，并且硬化后的耐久性较差，因而不宜用高强度等级水泥配制低强度等级的混凝土。

用低强度等级水泥配制高强度等级的混凝土时，一是很难达到要求的强度；二是需采用很小的水胶比或者水泥用量很大，因而硬化后混凝土的干缩变形和徐变大，对混凝土结构不利,易于干裂,同时由于水泥用量大,水化放热量也大,对大体积或较大体积的工程也极为不利;此外,经济上也不合理,所以不宜用低强度等级水泥配制高强度等级的混凝土。

9. 答:混凝土拌合物的流动性以坍落度或维勃稠度作为指标。坍落度适用于流动性较大的混凝土拌合物,维勃稠度适用于干硬的混凝土拌合物。

工程中选择混凝土拌合物的坍落度,主要依据构件截面尺寸大小、配筋疏密和施工捣实方法等来确定。当构件截面尺寸较小或钢筋较密,或采用人工插捣时,坍落度可选择大些;反之,如构件截面尺寸较大,钢筋较疏,或采用振动器振捣时,坍落度可选择小些。

10. 答:现场浇灌混凝土时,施工人员向混凝土拌合物中加水,虽然增加了用水量,提高了流动性,但是将使混凝土拌合物的黏聚性和保水性降低。特别是因水胶比(W/C)增大,增加了混凝土内部的毛细孔隙的含量,因而会降低混凝土的强度和耐久性,并增大混凝土的变形,造成质量事故。故现场浇灌混凝土时,必须严禁施工人员随意向混凝土拌合物中加水。

11. 答:因砂粒径变细后,砂的总表面积增大,当水泥浆量不变,包裹砂表面的水泥浆层变薄,流动性就变差,即坍落度变小。

12. 答:普通混凝土主要由水泥、水、砂和石子组成。其中,由水泥与水组成的水泥浆起着润滑(硬化之前)和胶结(硬化之后)的作用;由砂与石子组成的集料起着支撑骨架的作用。

13. 答:(1)水泥的强度等级与水胶比的影响;

(2)集料的种类、质量、级配的影响;

(3)养护温度、湿度的影响;

(4)养护龄期的影响;

(5)施工方法的影响;

(6)外加剂的影响。

14. 答:混凝土的和易性是指混凝土易于施工操作(搅拌、运输、浇筑、捣实),并获得质量均匀、成型密实的混凝土的性能。和易性包括流动性、黏聚性和保水性三个方面。影响和易性的因素有水泥浆的数量和水胶比、砂率、温度和时间、组成材料。

15. 答:(1)改善了混凝土拌合物的工作性;

(2)提高了混凝土的抗渗性、抗冻性;

(3)降低了混凝土的强度。

16. 答:(1)在配合比不变的条件下,可提高混凝土拌合物的流动性;

(2)在保持流动性及强度不变的条件下,可节省水泥;

(3)在保持流动性及水泥用量不变的条件下,可提高强度。

17. 答:确定试配强度,计算水胶比,确定单位用水量,计算水泥用量,确定砂率,计算砂石用量,表示初步配合比。

18. 答:混凝土的碳化是指空气中的二氧化碳与水泥石中的氢氧化钙作用,生成碳酸钙和水的反应。碳化降低了混凝土的碱度,减弱了对钢筋的保护作用。水泥水化过程中产生大量的氢氧化钙,使混凝土的内环境处于强碱性,这种强碱性环境使混凝土中的钢筋表面生成一层钝化薄膜,保护钢筋免于锈蚀。

碳化降低了混凝土的碱度,导致钢筋生锈,会引起体积膨胀,使混凝土的保护层开裂,从而加速混凝土进一步碳化。

碳化还会引起混凝土的体积收缩，使混凝土的表面碳化层产生拉应力，可能产生细微裂缝，从而降低混凝土的抗折强度。

19. 答：混凝土的碱-集料反应是指混凝土中所含的碱与某些碱活性集料发生化学反应，可引起混凝土膨胀、开裂甚至破坏。发生碱-集料反应的必要条件如下：

(1)混凝土中必须有相当数量的碱；

(2)集料中有相当数量的活性氧化硅；

(3)混凝土工程使用的环境必须有足够的湿度。

防治措施：

(1)使用低碱水泥，并控制混凝土的总碱量；

(2)使用不含活性氧化硅的集料；

(3)掺用活性掺合料或引气剂。

六、计算题

1. 解：试拌用的混凝土拌合物的质量：$Q_b = C_b + W_b + S_b + G_b = 4.6 + 2.7 + 9.9 + 19 = 36.2(kg)$

和易性调整合格后的配合比（基准配合比）（取 1 m³ 计算）为

$C_j = (C_b/Q_b) \times \rho_{oh} \times 1 = (4.6/36.2) \times 2\,450 \times 1 = 311(kg)$

$W_j = (W_b/Q_b) \times \rho_{oh} \times 1 = (2.7/36.2) \times 2\,450 \times 1 = 183(kg)$

$S_j = (S_b/Q_b) \times \rho_{oh} \times 1 = (9.9/36.2) \times 2\,450 \times 1 = 670(kg)$

$G_j = (G_b/Q_b) \times \rho_{oh} \times 1 = (19/36.2) \times 2\,450 \times 1 = 1\,286(kg)$

施工配合比：$M'_c = 311(kg)$；

$M'_s = 670 \times (1 + 4\%) = 696.8(kg)$；

$M'_g = 1\,286 \times (1 + 1\%) = 1\,298.86(kg)$；

$M'_w = 183 - 670 \times 4\% - 1\,286 \times 1\% = 143.34(kg)$。

2. 解：因 $K_c = 1.13$，$f_{cek} = 42.5$ MPa，故 $f_{ce} = K_c f_{cek} = 1.13 \times 42.5 = 48.03(MPa)$。

又因 $A = 0.46$，$B = 0.07$，$C = 280 \times 1 = 280(kg)$，$W = 195 \times 1 = 195(kg)$。

故 $f_{cu,0} = A f_{ce}(C/W - B) = 0.46 \times 48.03 \times (280/195 - 0.07) = 30.18(MPa)$

$f_{cu} = f_{cu,k} + 1.645\sigma = 20 + 1.645 \times 5.0 = 28.23(MPa)$

$f_{cu,0} = 30.18(MPa) > 28.23(MPa)$。

因混凝土的强度随着龄期的增加而增长，最初的 7~14 d 内较快，以后增长逐渐缓慢，28 d 后强度增长更慢，此题中 28 d 的抗压强度为 30.18 MPa，大于混凝土所需要的配制强度 28.23 MPa，故混凝土强度可以保证。

3. 解：(1) $f_{cu,0} = f_{cu,k} + 1.645\sigma = 20 + 1.645 \times 5.5 = 29.05(MPa)$

(2) $f_{cu,0} = f_{cu,k} + 1.645\sigma = 20 + 1.645 \times 3.0 = 24.9(MPa)$

(3) 由于 $f_{cu,28} = \alpha_a f_{ce}(C/W - \alpha_b)$

所以 $29.05 = 0.48 \times 1.13 \times 42.5 \times (C_1/180 - 0.33)$

$24.9 = 0.48 \times 1.13 \times 42.5 \times (C_2/180 - 0.33)$

经计算得 $C_1 = 286(kg)$ $C_2 = 253(kg)$

可节约水泥：$C_1-C_2=286-253=33(kg)$

4. 解：设水泥质量为 M_c，则砂子质量为 $2.1M_c$，石子质量为 $4.3M_c$，水的质量为 $0.54M_c$。

依题意得 $\dfrac{m_c}{3.1}+\dfrac{2.1m_c}{2.70}+\dfrac{4.3m_c}{2.65}+\dfrac{0.54m_c}{1}+10\times 1=1\,000$

所以 $1\,m^3$ 混凝土各项材料用量：$M_c=302(kg)$；$M_s=634(kg)$；$M_g=1\,298(kg)$；$M_w=163(kg)$。

5. 解：(1) $f_{cu,0}=f_{cu,k}+1.645\sigma$

$f_{cu,0}=40+1.645\times 6=49.87(MPa)$

(2) $W/C=Af_{ce}/(f_{cu,0}+ABf_{ce})$

$W/C=0.46\times 58.5/(49.87+0.46\times 0.07\times 58.5)=0.52$

(3) 因为 $0.52<0.60$，所以 $C_0=W_0/(W/C)=195/0.52=375(kg)$。

因为 $375>280$，所以 $C_0=375(kg)$。

(4) 根据体积法求砂、石用量。

$$\dfrac{m_{c0}}{\rho_c}+\dfrac{m_{g0}}{\rho_g}+\dfrac{m_{s0}}{\rho_s}+\dfrac{m_{w0}}{\rho_w}+0.01\alpha=1 \qquad S_p=\dfrac{m_{s0}}{m_{s0}+m_{g0}}\times 100\%$$

即

$$\dfrac{375}{3\,100}+\dfrac{m_{g0}}{2\,780}+\dfrac{m_{s0}}{3\,100}+\dfrac{195}{1\,000}+0.01=1 \qquad \dfrac{m_{s0}}{m_{s0}+m_{g0}}\times 100\%=0.32$$

解得 $M_{s0}=616\,kg$ $M_{g0}=1\,310\,kg$

所以该混凝土的初步配合比：

水泥：$375\,kg$ 砂子：$616\,kg$ 石子：$1\,310\,kg$ 水：$195\,kg$

6. 解：该配合比可能达到的强度：

$f_{cu,28}=Af_{ce}(C/W-B)=0.46\times 54\times(336/185-0.07)=43.38(MPa)$

C30 混凝土应达到的强度（配制强度）：

$f_{cu,0}=f_{cu,k}+1.645\sigma=30+1.645\times 5.0=38.23(MPa)$

因为 $43.38>38.23$，所以该配合比能满足强度要求。

7. 解：水泥用量 $C=180/0.5=360(kg)$

按体积法，可建立下式：

$S+G=2\,400-360-180$ (1)

砂率：$S/(S+G)=0.33$ (2)

式(1)、(2)联立解出：$S=614(kg)$，$G=1\,246(kg)$。

8. 解：实验室配合比：

水泥：$308(kg)$

砂：$S=700/(1+0.042)=672(kg)$

碎石：$G=1\,260/(1+0.016)=1\,240(kg)$

水：$W=128+(700-672)+(1\,260-1\,240)=176(kg)$

9. 解：实验室配合比：

砂：$S=606(kg)$

水：$W=180(kg)$

因为 $W/C=0.6$，故 $C(水泥)=W/0.6=180/0.6=300(kg)$

又因 $S/(S+G)=0.34$，$S=606(kg)$，故 $G(石子)=1\,176.35(kg)$。
所以施工配合比为
水泥用量：$C'=C=300(kg)$
砂用量：$S'=S(1+W_s)=606\times(1+7\%)=648.42(kg)$
石子用量：$G'=G(1+W_G)=1\,176.35\times(1+3\%)=1\,211.64(kg)$
用水量：$W'=W-S\times W_s-G\times W_g=180-606\times7\%-1\,176.35\times3\%=102.29(kg)$
故施工配合比为 $1\,m^3$ 混凝土中需水泥用量为 $300\,kg$；砂用量为 $648.42\,kg$；石子用量为 $1\,211.64\,kg$；用水量为 $102.29\,kg$。
采用施工配合比，所得混凝土的强度为
$f_{cu,28}=Af_{ce}(C/W-B)=0.46\times1.1\times42.5\times(300/180-0.07)=34.34(MPa)$
若不进行施工配合比的换算，则实际用水量为 $180+1\,176.35\times3\%+606\times7\%=257.71(kg)$
则混凝土 28 d 的强度为
$f_{cu,28}=Af_{ce}(C/W-B)=0.46\times1.1\times42.5\times(300/257.71-0.07)=23.53(MPa)$
由此可见，若不进行施工配合比的换算，强度会比原来降低 10 MPa。

10. 解：因 $W_1/C_0=0.5$，$C_0=290(kg)$，故 $W_0=0.5\times290=145(kg)$。
又因 $S_0/(S_0+G_0)=0.34$，$S_0+G_0+W_0+C_0=\rho_{oh}\times1\,m^3$，故 $S_0=671.5(kg)$，$G_0=1\,303.5(kg)$。

11. 解：因设计要求的强度等级为 C25，$\sigma=5.0\,MPa$，$A=0.46$，$B=0.07$，$K_c=1.13$，$f_c^b=42.5$，故 $f_{cu}=f_{cu,k}+1.645\sigma=25+1.645\times5.0=33.23(MPa)$
$f_c=K_c f_c^b=1.13\times42.5=48.03(MPa)$
$f_{cu}=Af_c(C/W-B)$ $33.23=0.46\times48.03\times(C_0/W_0-0.07)$ $C_0/W_0=1.57$
又因 $W_0=190(kg)$，故 $C_0=299.1(kg)$。
$\rho_c=3.1\,g/cm^3$ $\rho'_s=2.6\,g/cm^3$ $\rho'_g=2.65\,g/cm^3$ $\rho_w=1\,g/cm^3$
用体积法：$C_0/\rho_c+W_0/\rho_w+S_0/\rho'_s+G_0/\rho'_g+10\alpha=1\,000$
故 $299.1/3.1+190/1+S_0/2.6+G_0/2.65+10\times1=1\,000$
$S_P=S_0/(S_0+G_0)=0.32$
$S_0=590(kg)$ $G_0=1\,256.2(kg)$
故初步配合比为
$1\,m^3$ 混凝土中水用量为 $190\,kg$，水泥用量为 $299.1\,kg$，砂用量为 $590\,kg$，石子用量为 $1\,256.2\,kg$。

12. 解：$A_1=5\%$
$A_2=5\%+7\%=12\%$
$A_3=12\%+18\%=30\%$
$A_4=30\%+30\%=60\%$
$A_5=60\%+23\%=83\%$
$A_6=83\%+14\%=97\%$
$M_x=(A_2+A_3+A_4+A_5+A_6-5A_1)/(100-A_1)$
$\quad=(12+30+60+83+97-25)/95=2.71$
故此砂为中砂。

13. 解：$W = 0.5 \times 290 = 145(kg)$

$0.34 = S/(S+G)$

$S = (0.34/0.66)G = 0.52G$

$145 + 290 + G + 0.52G = 2\,410$

$G = 1\,300(kg)$

$S = 676(kg)$

14. 解：$f_{cu,0} = 40 + 1.645 \times 4.0 = 46.58(MPa)$

$W/C = 0.46 \times 1.1 \times 42.5/(46.58 + 1.1 \times 0.46 \times 0.07 \times 42.5) = 0.45$

$W/C = 0.46 \times 1.1 \times 52.5/(46.58 + 1.1 \times 0.07 \times 0.46 \times 52.5) = 0.55$

15. 解：$0.55C/1 + C/3.05 + 1.8C/2.61 + 3.4C/2.7 + 10 = 1\,000$

$C = 350(kg)$

$W = 0.55 \times 350 = 193(kg)$

$S = 1.8 \times 350 = 630(kg)$

$G = 3.4 \times 350 = 1\,190(kg)$

16. 解：该混凝土的试配强度 $f_{cu,0} = 25 + 1.645 \times 3.0 = 29.9(MPa)$

$W/C = 0.48 \times 48/(29.9 + 0.48 \times 0.33 \times 48) = 0.61 > 0.55$，所以取值为 0.55。

水泥用量 $C = 160/0.55 = 291 < 300$，所以水泥用量取值为 300 kg，水胶比为 $160/300 = 0.53$。

17. 解：水泥用量：$C' = C = 300(kg)$

砂用量：$S' = S(1+W_s) = S \times (1+3.5\%) = 696(kg)$

$S = 672.5(kg)$

卵石用量：$G' = G(1+W_g) = G \times (1+1\%) = 1\,260(kg)$

$G = 1\,247.5(kg)$

用水量：$W' = W - S \times W_s - G \times W_g = W - (696-672.5) - (1\,260-1247.5) = 129(kg)$，

$W = 165(kg)$

所以 $f_{cu,28} = Af_{ce}(C/W - B) = 0.48 \times 1.13 \times 52.5 \times (300/165 - 0.33) = 42.38(MPa)$

$f_{cu,0} = f_{cu,k} + 1.645\sigma = 30 + 1.645 \times 5.0 = 38.23(MPa)$

因为 $42.38 > 38.23$，所以该混凝土能满足 C30 强度等级要求。

18. 解：该混凝土 28 d 的抗压强度值为

$f_{cu,28} = \dfrac{(560+600+584) \times 10^3 \times 0.95}{3 \times 100 \times 100} = 55.2(MPa)$

$f_{cu,28} = Af_{ce}(C/W - B) = 0.46 \times 1.1 \times 52.5 \times (C/W - 0.07) = 55.2$

所以 $W/C = 0.47$。

第 5 章　砂　　浆

一、名词解释

1. 砌筑砂浆是将砖、石、砌块等墙体材料粘结成整个砌体的砂浆。
2. 砂浆的保水性是指砂浆保持水分的能力。

3. 混合砂浆是由水泥和石灰等混合作为胶凝材料的砂浆。

4. 砂浆强度等级是指边长为 70.7 mm 的立方体标准试块，在标准养护条件下养护 28 d 后，用标准试验方法测得的抗压强度平均值。

5. 抹面砂浆是指涂抹在建筑物或构筑物表面的砂浆。

二、判断题

1. ×　　2. √　　3. ×　　4. √　　5. ×　　6. ×　　7. √
8. ×　　9. ×　　10. √　　11. √　　12. √　　13. ×　　14. √
15. ×　　16. ×　　17. √　　18. √

三、填空题

1. 砌筑砂浆　抹面砂浆　　2. 流动性　保水性　　3. 增加和易性（保水性）
4. 是否含粗集料　　5. 沉入度　mm　分层度　mm
6. 砌体种类　施工方法　天气情况　大　小　7. 10~20 mm　好　干缩裂缝
8. 粘结力　防裂性　　9. 粉煤灰　石灰膏
10. 抗压强度　基底表面的粗糙程度　清洁和润湿　　11. 提高砂浆粘结力
12. 防水剂　32.5　中　0.4~0.5

四、选择题

1. A　　2. B　　3. B　　4. B　　5. C　　6. C　　7. C
8. B　　9. A　　10. A　　11. A　　12. D　　13. B　　14. B
15. C　　16. A　　17. A　　18. B　　19. D　　20. CD　　21. ADE
22. ACDE　　23. AC　　24. ACD　　25. ABCD

五、简答题

1. 答：砂浆的和易性包括流动性和保水性两个方面的含义。砂浆的流动性是指砂浆在自重或外力作用下产生流动的性质，也称为稠度。流动性用砂浆稠度测定仪测定，以沉入量（mm）表示。

砂浆的保水性是指新拌砂浆保持其内部水分不泌出流失的能力。砂浆的保水性用砂浆分层度仪测定，以分层度（mm）表示，或者测定砂浆的保水率，用百分数表示。

2. 答：砂浆的流动性、砂浆的保水性、砂浆的强度、砂浆的粘结力及砂浆的耐久性。

3. 答：抹面砂浆的使用主要是大面积涂抹在建筑物表面起填充、找平、装饰等作用。对抹面砂浆的技术性能要求不是砂浆的强度，而是砂浆的和易性、与基层的粘结力。

普通抹面砂浆一般分两层或三层进行施工。底层起粘结作用，砖墙、混凝土的底层多用混合砂浆，板条墙和顶板的底层多用麻刀石灰砂浆。中层起找平作用，多用混合砂浆或石灰砂浆。面层起装饰作用，可用混合砂浆、麻刀石灰砂浆、纸筋石灰砂浆。

第6章 墙体材料

一、填空题

1. 240 mm×115 mm×53 mm 512
2. 孔多而小，竖孔 承重
3. 孔少而大，水平孔 填充、隔断
4. 流水冲刷、急冷、急热、酸性侵蚀的环境，温度高于 200 ℃的环境
5. 880 mm×380 mm×240 mm 880 mm×430 mm×240 mm
6. 强化钢丝焊接而成的三维笼为构架 阻燃 EPS 泡沫塑料或岩棉板芯材
7. 实心条板 空心条板 复合条板
8. 耐火、保温、隔声、轻质、抗震、干法施工，速度快，墙体光洁平整
9. 结构 保温 装饰

二、简答题

1. 答：黏土砖的缺点是自重大、能耗高、大量毁坏良田、尺寸小、施工效率低、抗震性能差，已经不适应我国建筑行业节能、低碳、环保的要求，已禁止在大中城市使用，黏土砖也会逐渐被其他新型墙体材料替代。

2. 答：与黏土砖相比，多孔砖和空心砖可节省黏土 20%～30%，节约燃料 10%～20%，减轻自重 30%左右，降低造价，提高施工效率，并改善绝热性能和隔声性能。

3. 答：砌块是发展迅速的新型墙体材料，生产工艺简单，材料来源广泛，可充分利用地方资源和工业废料，节约耕地资源，造价低，制作使用方便；同时由于其尺寸大，可机械化施工，提高施工效率，改善建筑物功能，减轻建筑物自重。

4. 答：砖的种类很多，按生产工艺可分为烧结砖和非烧结砖，其中非烧结砖又可分为压制砖、蒸养砖和蒸压砖等；按有无孔洞可分为空心砖和实心砖；按所用原材料分为黏土砖、页岩砖、煤矸石砖、粉煤灰砖等。

5. 答：砌块按用途可分为承重砌块和非承重砌块；按有无空洞可分为实心砌块和空心砌块；按产品规格可分为大型(高度大于 980 mm)、中型(高度为 380～980 mm)和小型(高度为 115～380 mm)砌块；按生产工艺可分为烧结砌块和蒸养蒸压砌块；按材质可分为轻集料混凝土砌块、硅酸盐砌块、粉煤灰砌块、加气混凝土砌块等。

6. 答：墙体板材主要有条板、平板、复合墙板等品种，按制作材料主要分为水泥混凝土类、石膏类、纤维类和发泡塑料类等。

三、实训(略)

第 7 章　建筑钢材

一、名词解释

1. 屈强比即屈服强度与抗拉强度的比值，用 σ_s/σ_b 表示。屈强比是反映钢材利用率和安全可靠程度的一个指标。

2. 钢材随时间的延长，强度会逐渐提高，冲击韧性下降，这种现象称为时效。

3. 钢材在常温下进行的加工称为冷加工。常见的冷加工方式有冷拉、冷拔、冷轧、冷扭、刻痕等。钢材在常温下进行冷加工使其产生塑性变形，强度和硬度提高，塑性和韧性下降。

4. 因时效导致钢材性能改变的程度称为时效敏感性。时效敏感性大的钢材，经时效后，其韧性、塑性改变较大。

5. 钢材的屈服强度是其屈服下限对应的应力，是结构设计时钢材强度取值的依据。

6. 钢材的抗拉强度是强化阶段应力-应变曲线最高点对应的应力，是钢材受拉时所能承受的最大应力。

7. 温度下降到某一范围时，钢材冲击韧性突然下降很多，脆性急剧增加，这种现象称为钢材的低温冷脆性。

8. 钢材的脆性临界温度是指随温度降低钢材冲击韧性突然急剧下降时的温度。

9. 钢材承受反复荷载和交变应力作用时，可能在远小于屈服强度的情况下突然破坏，这种现象称为疲劳破坏。

二、判断题

1. ×　2. √　3. √　4. ×　5. √　6. ×　7. √　8. ×

三、选择题

1. D　2. C　3. A　4. C　5. C　6. B　7. C
8. C　9. B　10. A　11. B　12. C　13. B

四、简答题

1. 答：冷拉和时效处理后，钢筋的屈服强度、抗拉强度及硬度都进一步提高，而塑性、韧性降低，达到节约钢材的目的。

2. 答：牌号 Q235—A·F 表示普通碳素结构钢，屈服强度为 235 MPa，质量等级为 A 级的沸腾钢。

常用热轧钢筋的强度等级：

HPB235　HPB300　HRB335　HRBF335　HRB400　HRBF400
HRB500　HRBF500

普通钢筋混凝土一般选用 HPB300、HRB335、HRB400。

预应力钢筋混凝土一般选用 HRB400。

五、论述题

答：

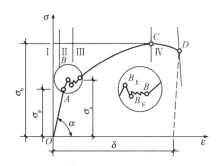

低碳钢受拉至拉断，经历了四个阶段：弹性阶段、屈服阶段、强化阶段和颈缩阶段。

(1) 弹性阶段(OA)：钢材受拉开始阶段，荷载较小，应力与应变成正比，OA 是一条直线，此阶段产生的变形是弹性变形。在弹性极限范围内应力 σ 与应变 ε 的比值，称为弹性模量。

(2) 屈服阶段(AB)：应力与应变不再成正比关系，钢材在静荷载作用下发生了弹性变形和塑性变形。屈服下限 $B_下$ 点对应的应力称为屈服点（屈服强度）。屈服强度是设计中钢材强度取值的依据。

(3) 强化阶段(BC)：钢材又恢复了抵抗变形的能力，故称为强化阶段。其中 C 点对应的应力值称为极限强度，又叫作抗拉强度。屈服强度和抗拉强度之比即屈强比，能反映钢材的利用率和结构安全可靠程度。屈强比越小，其结构的安全可靠程度越高，但利用率低，合理的屈强比一般为 0.60~0.75。

(4) 颈缩阶段(CD)：钢材抵抗变形的能力明显降低，在受拉试件的某处，迅速发生较大的塑性变形，出现"颈缩"现象，直至 D 点断裂。

第8章 防水材料

一、名词解释

1. 石油沥青是由多种碳氢化合物及其非金属衍生物组成的混合物，主要包括油分、树脂和地沥青质三种组分。

2. 沥青的温度敏感性是指沥青的黏性和塑性随温度的升降而变化的性能。变化程度越大，沥青的温度敏感性越大。

3. 沥青的塑性是指沥青在外力作用下变形的能力，用延伸度表示，简称延度。塑性表示沥青开裂后的自愈能力及受机械力作用后变形而不破坏的能力。

4. 建筑防水油膏也称为建筑密封材料，主要应用在板缝、接头、裂隙、屋面等部位。

二、判断题

1. √   2. √   3. √   4. ×   5. √

三、选择题

1. A   2. C   3. A   4. B   5. B   6. A   7. D   8. B   9. C

四、简答题

1. 答：石油沥青的组分及作用如下：

油分：是决定沥青流动性的组分。油分多，流动性大，而黏聚性小，温度感应性大。

树脂：是决定沥青塑性的主要组分。树脂含量增加，沥青塑性增大，温度感应性增大。

地沥青质：是决定沥青黏性的组分。含量高，沥青黏性大，温度感应性小，塑性降低，脆性增加。

2. 答：沥青胶是在沥青中掺入适量矿物粉料，或再掺入部分纤维填料配制而成的胶粘剂。它具有良好的粘结性、耐热性和柔韧性，性能优于沥青，所以一般用沥青胶而不是沥青。

3. 答：常用防水材料分为刚性防水材料和柔性防水材料。刚性防水材料包括防水混凝土、防水砂浆；柔性防水材料主要有防水卷材、防水涂料、防水密封材料等品种。其中常用的防水卷材有以下两大类：

改性沥青防水材料：SBS改性沥青防水卷材，APP改性沥青防水卷材。

高分子防水材料：三元乙丙橡胶防水卷材，PVC防水卷材等。

4. 答：防水涂料是以沥青、合成高分子材料等为主体，在常温下呈液态，经涂布能在结构物表面形成坚韧防水膜物料的总称。

防水涂料固化后的防水涂膜具有良好的防水性能，特别适合于各种复杂不规则部位的防水，能形成无接缝的完整防水膜。大多采用冷施工，不必加热熬制，涂布的防水涂料既是防水层的主体，又是胶粘剂，因而施工质量容易保证。

5. 答：由于沥青对矿物填充料的润湿和吸附作用，沥青在矿粉表面产生化学组分的重新排列，在矿粉表面形成一层扩散溶剂化膜，在此膜厚度以内的沥青称为"结构沥青"。如果矿粉颗粒之间接触处是由结构沥青膜所连接，则沥青具有更高的黏度，更大地扩散溶化膜的接触面积，因而使沥青获得更大的黏聚力。

五、实训（略）

第9章 建筑功能材料

一、名词解释

1. 具有保温隔热性能的材料称为绝热材料。
2. 具有较强的吸收声能、降低噪声性能的材料称为吸声材料。
3. 依附于建筑物表面起装饰和美化环境的材料称为装饰材料。
4. 涂敷于建筑物表面能干结成膜，具有防护、装饰、防锈、防腐、防水或其他特殊功能的物质称为涂料。
5. 安全玻璃包括钢化玻璃、夹丝玻璃、夹层玻璃。主要特性是力学强度较高，抗冲击能力较好，被击碎时，碎块不会飞溅伤人，并有防火的功能，因此称为安全玻璃。
6. 墙地砖包括建筑外墙装饰贴面砖和室内外地面装饰砖。这类材料通常可墙、地两用，故称为墙地砖。

二、填空题

1. 有机　无机　纤维状　松散粒状　多孔状
2. 材料的组成及微观结构　表观密度与孔隙特征　材料的湿度和温度　热流方向
3. 吸声系数　越好　提高

三、选择题

| 1. A | 2. A | 3. B | 4. D | 5. D | 6. A |
| 7. B | 8. A | 9. B | 10. D | 11. D | 12. D |

四、判断题

1.√　2.√　3.√　4.×　5.√　6.√　7.×　8.×　9.×

五、简答题

1. 答：优点：密度低、比强度高；减震、隔热和吸声功能好；具有可加工性、电绝缘性和灵活、丰富的装饰性。
   缺点：热膨胀系数大；弹性模量低；易老化、易燃，燃烧时同时会产生有毒烟雾。
2. 答：建筑常用的胶粘剂分为热塑性树脂胶粘剂和热固性树脂胶粘剂，包括聚乙烯醇缩缩醛胶粘剂、聚醋酸乙烯酯胶粘剂、环氧树脂胶粘剂、聚氨酯胶粘剂、丙烯酸酯胶粘剂、氯丁橡胶胶粘剂。

3. 答：釉面砖一般不宜用于室外，因为坯体吸水率较大而面层釉料吸水率较小，当坯体吸水后产生的膨胀应力大于釉面抗拉强度时，会导致釉面层的开裂或剥落，严重影响装饰效果。

4. 答：建筑装饰中涂料的选用原则：好的装饰效果、合理的耐久性和经济性。建筑物的装饰效果主要由质感、线型和色彩三个方面体现。具体可参考以下几点：

(1)按建筑物的装饰部位选用具有不同功能的涂料。

(2)根据基层材料对涂料性能的影响选择。例如，用混凝土、砂浆为基层的涂料，应具有较好的耐碱性。

(3)按建筑物所处的地理位置和施工季节选择涂料。

(4)按照建筑标准和造价选择涂料和确定施工工艺。

5. 答：纤维类装饰材料是现代室内重要的装饰材料之一，使用的纤维有天然纤维、化学纤维和无机玻璃纤维等，主要包括地毯、挂毯、墙布、窗帘等纤维织物以及岩棉、矿物棉、玻璃棉制品等。

纤维装饰织物具有色彩丰富、质地柔软、富有弹性等特点，通过直接影响室内的景观、光线、色彩产生各种不同的装饰效果。矿物纤维制品则同时具有吸声、耐火、保温等特性。

6. 答：建筑装饰材料的特征主要包括以下几个方面：

(1)颜色：材料的颜色取决于三个方面，即材料光谱的反射、射于材料上的光谱组成、观看者眼睛的光谱敏感性。

(2)光泽：光泽是材料表面的一种特性，镜面反射是产生光泽的重要因素。

(3)透明性：透明性是光线能够透过材料的性质。

(4)表面组织：利用不同的工艺将材料的表面做成各种不同的表面组织。

(5)形状和尺寸：建筑装饰材料的形状和尺寸对装饰效果有很大的影响。

(6)其他性质：装饰材料应具备一定的强度、耐久性、耐侵蚀性等，以保证材料有一定的使用寿命。

7. 答：(1)内墙装饰功能：保护墙体，保证室内使用条件和室内环境美观、整洁和舒适。

(2)外墙装饰功能：保护墙体和装饰立面。

(3)顶棚装饰功能：保护和装饰顶棚，具有防水、耐烧、表观密度小的性能。

(4)地面装饰功能：保护楼板和地坪。

六、实训(略)

复习测试题参考答案

复习测试题一

一、判断题

1. ×   2. √   3. ×   4. ×   5. ×   6. √   7. ×

二、填空题

1. 吸水率　含水率
2. 软化系数　大
3. 小　封闭
4. 不变　减小　降低　不一定增大　不一定降低　不一定降低

三、选择题

1. D   2. C   3. C   4. A   5. D

复习测试题二

一、判断题

1. ×   2. ×   3. ×   4. ×   5. ×   6. ×

二、填空题

1. 孔隙率　强度　好　好　差　$CaSO_4 \cdot 2H_2O$　蒸汽幕　防火性
2. 热　膨胀　水　收缩
3. 膨胀　裂缝

复习测试题三

一、判断题

1. ×　2. ×　3. ×

二、填空题

1. 活性氧化硅和活性氧化铝
2. 氢氧化钙　水化铝酸钙　水泥石不密实
3. 晶体　凝胶

三、单项选择题

1. B　2. B

四、多项选择题

1. ABCDE　2. BD　3. CDE

复习测试题四

一、判断题

1. ×　2. √　3. ×　4. ×　5. √　6. ×　7. ×

二、填空题

1. 水泥　砂子　石子　水　润滑　粘结集料形成强度　填充集料间隙　骨架
2. 最小截面尺寸　最小钢筋净距
3. 生锈　碱性　抗拉强度
4. $f_{cu,0} = \alpha_a f_{ce}(C/W - \alpha_b)$　　$f_{cu,0} \geqslant f_{cu,k} + 1.645\sigma$
5. 流动性　黏聚性　保水性　流动性　黏聚性　保水性
6. 150 mm×150 mm×150 mm　(20±1)℃　90%　28
7. 强度　耐久性　增加收缩
8. 水泥浆数量　水胶比　砂率　温湿度
9. 水胶比　水　水泥

10. 砂率 砂 石
11. 提高 增加 增加 不变
12. 化学收缩 干湿变形 温度变形
13. 和易性 强度 耐久性 经济性
14. 强度 耐久性 和易性 集料种类 粒径 水胶比 集料种类 粒径

三、单项选择题

1. D   2. C   3. D   4. B   5. B   6. D   7. C

四、多项选择题

1. CE   2. ABDE   3. ABDE

复习测试题五

一、判断题

1. ×   2. ×

二、填空题

1. 水泥强度 水泥用量 水胶比
2. 石灰膏 黏土膏 粉煤灰
3. 流动性 保水性 沉入度 分层度
4. 标准 28 抗压 强度等级
5. 砌体材料种类 施工条件 气候 大 小

三、单项选择题

1. B   2. A   3. B

复习测试题六

一、判断题

1. ×   2. ×   3. √

二、填空题

1. 240 mm×115 mm×53 mm　51 200
2. 10　抗压　强度均值　强度标准值　强度均值　单块最小值
3. 火成岩　水成岩　变质岩　火成岩　变质岩

三、单项选择题

1. C　　2. C

四、多项选择题

1. ABCD　　2. ACD

复习测试题七

一、判断题

1. ×　　2. √　　3. ×　　4. √　　5. ×

二、填空题

1. 自然　人工　强度　塑性　韧性
2. 四　Q195　Q215　Q235　Q275
3. 屈服点 235MPa　A 级　沸腾钢
4. 脆性转变温度　低　好　低
5. 拉伸　冲击韧性　硬度　疲劳强度　冷弯　可焊性
6. 沸腾钢　镇静钢　镇静钢　沸腾钢
7. 冷拉　冷拔　屈服强度　节约钢材
8. 变差　碳　硅　硫　磷　氧　氮
9. 八　屈服点　屈服点数值　质量等级
10. 化学锈蚀　电化学腐蚀

三、单项选择题

1. B　　2. B

四、多项选择题

1. ABCDE 2. ABCD

复习测试题八

一、判断题

1. √   2. √   3. ×   4. ×   5. √   6. √

二、填空题

1. 弦向 径向 顺纹
2. 温度 湿度 使用
3. 温度 空气 水分
4. 风干 烘干 注入防腐剂

三、单项选择题

1. B   2. A   3. C

复习测试题九

一、判断题

1. √   2. √   3. √

二、填空题

1. 耐老化 耐燃 耐热 刚性
2. 主要成膜物质 次要成膜物质 分散介质 助剂
3. 外墙涂料 内墙涂料 顶棚涂料 地面涂料 屋面涂料
4. 热固性 热塑性

复习测试题十

一、判断题

1. √   2. √   3. ×   4. ×   5. √

二、填空题

1. 油分　树脂　地沥青质
2. 针入度　延伸度　软化点　黏性　塑性　温度稳定性
3. 针入度　延伸度　软化点

复习测试题十一

一、判断题

1. ×   2. ×   3. √   4. ×

二、填空题

1. 多　细小
2. 小　大
3. 多孔　封闭　不连通　开放　互通
4. 增大　水

复习测试题十二

一、填空题

1. 不良　增大
2. 氢氟酸
3. 钢化玻璃　夹丝玻璃　夹层玻璃

4. 焊接　胶结　熔接

二、简答题

1. 答：在砌筑或抹面工程中，石灰必须充分熟化后才能使用，若有未熟化的颗粒，使用后继续熟化，则伴随的体积膨胀使表面凸起、开裂或局部脱落，或产生较大变形而影响工程质量。为保证石灰充分熟化，使用前必须将石灰预先进行陈伏。

2. 答：水泥的体积安定性是指水泥浆在硬化过程中体积变化的均匀程度。若体积变化不均匀，出现了膨胀裂纹或翘曲变形，则称为体积安定性不良。

体积安定性不良的原因如下：

(1)水泥中含有过多的游离氧化钙或游离氧化镁。

(2)石膏掺量过多。

由于以上杂质在水泥硬化后继续产生水化反应，出现膨胀性产物，从而使水泥石或混凝土破坏。

3. 答：砂率是混凝土中砂的质量与砂和石总质量之比。砂率对混凝土的和易性有很大影响。砂率过大，集料总面积增大，水泥浆含量不变的情况下，相对来说，水泥浆少了，因而增加了混凝土的水泥用量和用水量，否则会减弱水泥浆润滑作用，从而使混凝土的流动性下降。砂率过小，不能保证粗细集料之间有足够砂浆层，使混凝土的流动性、黏聚性和保水性均降低，易出现分层、离析和流浆现象。砂率过大或过小对强度均不利；砂率过大混凝土的干缩也增加；砂率过小时不密实，混凝土的耐久性也较差。

4. 引起混凝土干缩的主要原因如下：

(1)毛细孔水蒸发，使孔中形成负压，导致混凝土收缩。

(2)凝胶体颗粒吸附水蒸发，导致凝胶体收缩。

引起混凝土徐变的主要原因：水泥石中凝胶体在长期荷载作用下产生黏性流动，凝胶孔水向毛细孔内迁移。

5. 答：外墙抹灰用石灰砂浆时，墙上出现鼓泡现象是由于石灰膏陈伏时间不够，里面含有过火石灰，过火石灰的水化速度慢，当石灰抹灰层中含有这种颗粒时，由于它吸收空气中的水分继续消化，体积膨胀，致使墙面隆起开裂，产生鼓泡现象。

6. 答：硅酸盐水泥熟料的矿物成分主要有硅酸三钙、硅酸二钙、铝酸三钙、铁铝酸四钙。

它们的主要水化产物是氢氧化钙、水化硅酸钙、水化铝酸钙、水化硫铝酸钙、水化铁酸钙等。

参 考 文 献

[1] 徐友辉. 建筑材料教与学[M]. 成都：西南交通大学出版社，2007.
[2] 苏锋，杨海东. 土木工程材料[M]. 北京：化学工业出版社，2008.
[3] 刘学应. 建筑材料[M]. 北京：机械工业出版社，2011.
[4] 赵宇晗. 建筑材料[M]. 上海：上海交通大学出版社，2014.
[5] 唐修仁，邹春香. 建筑材料[M]. 北京：中国电力出版社，2011.